雄鹰效果图

橙子效果图

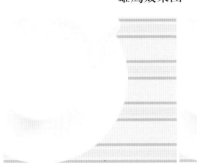

茶杯效果图

风景效果图

花朵效果图

拼图最终效果

人物效果图

蔬菜效果图

园林效果图

U0147511

Photoshop CS3 基础与实例教程

9-1

凹凸文字

树木

沙土

分离通道

11-1

计算

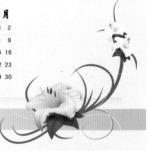
11-2

11-3

11-4

狗（效果图）

封面

pop（完）

台历

"十一五"规划教材

Photoshop CS3

基础与实例教程

主　编　刘　力　崔　慧
副主编　蔡百川
主　审　易著梁

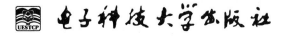

电子科技大学出版社

图书在版编目（CIP）数据

Photoshop CS3 基础与实例教程 / 刘力，崔慧主编. —成都：电子
科技大学出版社，2008. 12

ISBN 978-7-5647-0078-2

Ⅰ. P… Ⅱ. ①刘… ②崔… Ⅲ. 图形软件，Photoshop CS3—
教材 Ⅳ. TP391.41

中国版本图书馆 CIP 数据核字（2008）第 205534 号

内 容 提 要

本书从实用性和先进性出发，较全面地介绍了 Photoshop 的基础知识和应用方面的技能。本
书共分十三章，内容主要包括 Photoshop CS3 基础知识与操作、选区的使用、图像颜色模式和颜
色选取、绘图工具、图像的编辑与修饰、图像色彩和色调的调整、图层的使用、路径与形状、通
道、文字处理、滤镜以及行业应用实例。

本书讲解翔实，案例丰富，并且以图为主，以图析文，通过这些实例的学习，读者可以边学
边练，掌握大量的软件操作技巧以及设计表现方法。本书每章后面都配有习题和课后操作题，并
配有参考操作步骤，读者可以总结回顾，掌握各章的知识要点。

本书适合作为大、中专院校及社会办学相关课程的教材，也可作为平面设计与 Photoshop 初、
中级用户的参考书。

"十一五"规划教材

Photoshop CS3 基础与实例教程

主　编　刘　力　崔　慧

副主编　蔡百川

主　审　易著梁

出　　版：电子科技大学出版社（成都市一环路东一段 159 号电子信息产业大厦　邮编：610051）

策划编辑：徐　红　李　菁

责任编辑：徐　红

主　　页：www.uestcp.com.cn

电子邮箱：uestcp@uestcp.com.cn

发　　行：新华书店经销

印　　刷：成都蜀通印务有限责任公司

成品尺寸：185mm×260mm　　印张 18.25　　彩插 2 页　　字数 443 千字

版　　次：2008 年 12 月第一版

印　　次：2008 年 12 月第一次印刷

书　　号：ISBN 978-7-5647-0078-2

定　　价：30.10 元

■　版权所有　侵权必究　■

◆　本社发行部电话：028-83202463；本社邮购电话：028-83208003。

◆　本书如有缺页、破损、装订错误，请寄回印刷厂调换。

◆　课件下载在我社主页"下载专区"。

前　　言

　　Photoshop 是 Adobe 公司出品的数字图像编辑软件，在图形图像处理领域，Photoshop 软件以强大的图像处理功能、直观易学的特点、合理规范的工作模式，深受广大用户的喜爱。依靠其强大的功能和无限的创意空间，人们可以随心所欲地对点阵图像进行创作，在图像处理的广阔天地里自由驰骋。

　　由于电脑美术设计应用于众多的行业领域，且发展前景广阔，社会需求量较大，已成为目前最热门的专业之一。为了使读者快速、有效地掌握 Photoshop 的使用方法，本书以通俗易懂的语言和循序渐进的方式，采用教程与案例紧密结合，由浅入深地讲述了软件的强大功能和应用技巧。

　　本书知识系统完整，结构层次分明，操作简便实用，每个章节都由最基本的操作和功能介绍开始，并穿插了大量案例练习。书中的所有实例均提供了详细的操作步骤和分解图片，读者可以通过边阅读边练习来掌握软件的基本功能和设计表现方法。

　　本书还重点针对平面设计的各个领域通过案例表现，使读者对 Photoshop 在平面设计中的应用有一个广泛的了解。

　　在编排形式上，每章之前设有学习要点，每章之后都附有小结、练习题和操作题，既方便教学，又方便自学，并提高了学习效率。

　　本书具有很强的专业性、技术性和实用性。本书的作者长期从事教学和平面设计工作，不仅具备丰富的教学经验，还具有新颖的创意和实际制作能力。因此，该书是一本极具参考价值的实用性提高类图书。

　　本书由淄博职业学院的刘力、崔慧担任主编，宜宾职业学院的蔡百川担任副主编，南宁职业技术学院易著梁副院长主审。参加本书编写的还有淄博职业学院的董雪，广西职业技术学院的黄尔忠，淄博职业学院的李蔚倩，重庆工商职业技术学院陈敏、杨凡颖等。本书第一章、第二章、第四章由刘力编写，第三章由李蔚倩编写，第五章、第六章由黄尔忠编写，第七章、第八章、第十章、第十二章由崔慧编写，第九章、第十一章由蔡百川编写，第十三章由董雪编写。

　　由于作者水平有限，加之时间较仓促，书中难免有疏漏和不妥之处，恳请广大读者不吝赐教。

编　者

2008 年 12 月

目　　录

第一章　Photoshop CS3 基础

【学习要点】
● 计算机图像处理的基本概念
● 常用的图像文件格式
● Photoshop CS3 的工作界面

1.1　了解 Photoshop CS3

1.1.1　Photoshop CS3 基础知识

Photoshop 是 Adobe 公司开发的全世界著名的优秀的电脑平面设计软件，它具有强大的绘图、校正图片及图像创作功能。人们可以利用它创作出具有原创性的作品。Photoshop CS3 软件由于界面友好、操作简单、功能强大而受到用户的高度评价。

Photoshop CS3 的功能和特点主要包括如下方面：

（1）支持多种图像格式以及多种色彩模式。

（2）提供了强大的选取图像范围的功能。

（3）具有强大的图像处理功能，可以对图像进行各种编辑。

（4）提供了丰富的绘图功能。

（5）可以对图像在色彩和色调方面进行颜色修正、修饰、加减色彩浓度等任意调整。

（6）可以分层编辑图像，增强了图层的选择、编辑功能。

（7）提供了丰富的滤镜功能，还可以运用不同的外挂滤镜效果。

可以说，Photoshop CS3 提供了无限的创作空间，提供了广阔的自我表现舞台。广大用户可以充分展示自己的艺术才能，创作出动人的图像作品。

1.1.2　Photoshop CS3 的新增特性

与 Photoshop CS2 比较，Photoshop CS3 新增的特性及功能主要有以下几点：

（1）从工作界面的菜单上看，Photoshop CS3 多了一个"分析"菜单，从默认视图上来看，单击工具箱上的三角形按钮，工具箱会变成可伸缩的单排或双排，给我们提供了更大更宽的视图区域，如图 1-1 所示。

文件(F)　编辑(E)　图像(I)　图层(L)　选择(S)　滤镜(T)　分析(A)　视图(V)　窗口(W)　帮助(H)

图 1-1　Photoshop CS3 菜单

（2）单击调板上的三角形按钮，调板可以伸展或收缩，单击任一按钮都可以打开相应的调板，再继续单击，调板最小化，缩为精美的图标。这体现了 Photoshop CS3 操作区域的宽广化以及打开调板的简易化，如图 1-2 所示。

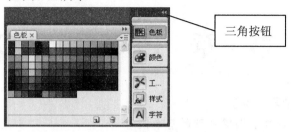

图 1-2　Photoshop CS3 控制调板

（3）工具箱上的屏幕切换模式的切换方法也改为右键单击，如图 1-3 所示。

（4）工具箱多了快速选择工具 Quick Selection Tool，选项栏也有新、加、减三种模式可选，快速选择颜色差异大的图像会非常直观、快捷，如图 1-4 所示。

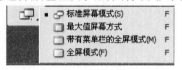

图 1-3　屏幕切换模式

图 1-4　快速选择工具

（5）所有的选择工具都包含重新定义选区边缘（Refine Edge）的选项，如定义边缘的半径，对比度，羽化程度等，可以对选区进行收缩和扩充。还有多种显示模式可选，如快速蒙版模式和蒙版模式等，非常方便，可以直接预览和调整不同羽化值的效果，如图 1-5 所示。

（a）原图

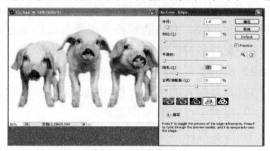

（b）重新定义选区边缘对话框

图 1-5　Photoshop CS3 羽化功能

（6）多了一个"克隆（仿制）源"调板，是和仿制图章配合使用的，允许定义多个克隆源（采样点）；可以进行重叠预览，提供具体的采样坐标；可以对克隆源进行移位缩放、旋转、混合等编辑操作。克隆源可以针对一个图层，也可以是上下两个，也可以是所有图层，比以前的版本多了一种模式。

（7）增强的文件浏览模块 Adobe Bridge（文件浏览器）。在 Adobe Bridge 的预览中可以使用放大镜来放大局部图像，而且这个放大镜还可以移动、旋转。如果同时选中了多个图片，还可以一起预览。

1.2　图像处理基础

计算机所处理的图像都是数字化的图像，它不能像普通图像那样进行处理。要设计出色调丰富、清晰的图像，首先要了解计算机图像处理的基本概念。

1.2.1　像素（Pixel）

在 Photoshop CS3 中，像素是构成图像的基本单位，它是一个矩形色块。图像都是由众多的像素组成的，这些像素排列成纵列和横行。单位面积上的像素越多，图像效果就越好，如图 1-6 所示。

（a）高像素图　　　　　　　　　　　　　　（b）低像素图

图 1-6　素材对比

案例 1-1　打开一个高像素图像和一个低像素图像，分别放大显示，以观察它们的差别。

操作步骤：

（1）打开"白玫瑰-1"和"白玫瑰-2"图像，观察它们在系统默认情况下的图像显示效果，如图 1-7 所示。

（a）白玫瑰-1　　　　　　　　　　　　　　（b）白玫瑰-2

图 1-7　素材

（2）通过"导航器"控制调板分别将打开的图像放大显示，观察它们的差别，如图 1-8 所示。

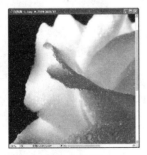

（a）白玫瑰-1　　　　　　　　　　　　　　（b）白玫瑰-2

图 1-8　素材放大比较

1.2.2 分辨率

进行图像处理前，必须明白什么是分辨率。在图形图像处理领域，分辨率分为图像分辨率与输出分辨率。

1．图像分辨率

图像分辨率是指一幅图像每单位长度内所包含的像素数目，一般以每英寸含有多少像素来计算，简称 PPI（Pixel Per Inch）。高分辨率的图像通常比低分辨率的图像表现出较多的细节与较细腻的颜色变化。分辨率的高低还决定了图像容量的大小。分辨率越高，信息容量越大，文件越大。

此外，图像的清晰度也与图像像素的总数有关。

提示：以一幅 4×8in（英寸）的图像为例，如果分辨率为 72PPI，则图像包含的总像素数目为（4×72）×（8×72）=165 888。

2．输出分辨率

输出分辨率是照排机或激光打印机等输出设备产生的每英寸的油墨点数，一般以每英寸含多少点来计算（dot/inch），简称 DPI（Dots Per Inch）。

打印机中，一般喷墨彩色打印机的输出分辨率为 182～720DPI，激光打印机的为 300～600DPI，照排机可达到 1200～2400DPI，甚至更高。

提示：图像分辨率设置越高，图像文件也越大。

常用的图像分辨率参考标准：

- 在 Photoshop 软件中，系统默认的显示分辨率为 72PPI。
- 发布于网络上的图像分辨率通常为 72PPI 或 96PPI。
- 报纸杂志图像分辨率通常为 120PPI 或 150PPI。
- 彩版印刷图像分辨率通常为 300PPI。
- 大型灯箱图像一般分辨率不低于 30PPI。

1.2.3 矢量图和点阵图

图像类型可以分为两种：矢量图像和位图图像。

1．矢量图

矢量图也称为向量图，是使用直线和曲线（即所谓的"矢量"）来描述图像的。它是以数学的方式来画图、设定位置并填上指定的颜色。用户可以移动、改变图形的大小、形状和颜色等，而不会降低图形的外观质量。

矢量图与分辨率无关，缩放到任意大小和以任意分辨率在输出设备上输出，都不会影响其清晰度。矢量图是用在文本输入（特别是对小字体而言）和绘制粗体图像上的最好选择，如图 1-9 所示。

提示：矢量图文件存储容量很小，适用于图案设计、文字设计、标志设计、版式设计、插图、工程制图等。

图 1-9　矢量图

但无论图形的绘制方法如何，在屏幕上或打印机上都是以位图的方式输出的。

2．位图

位图也称为点阵图。当编辑点阵图图像时，修改的是像素而不是直线和曲线。位图图像和分辨率有关。位图图像的大小和质量取决于图像中的像素的多少。图像中所含像素越多，图像越清晰，颜色之间的混合也越平滑。但不能任意放大显示或印刷，否则会出现锯齿边缘和似马赛克的效果，如图 1-10 所示。

 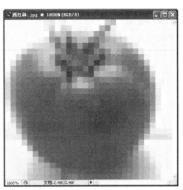

（a）高像素位图　　　　　　　　　　　　　　（b）低像素位图

图 1-10　位图

案例 1-2　打开两个像素相同、分辨率不同的图像，观察文件大小，其次分别将它们放大显示，观察图像差别。

操作步骤：

（1）单击菜单"文件"|"打开"命令，找到素材文件，在对话框中观察"文字"和"文字-1"图像文件大小后，单击"打开"按钮，如图 1-11 所示。

（a）"文字"图像　　　　　　　　　　　　　　（b）"文字-1"图像

图 1-11　文字素材

（2）通过"导航器"控制调板分别将打开的图像放大显示，观察因分辨率设置不同而引起的图像差别，如图 1-12 所示。

（a）高分辨率　　　　　　　　　　　　　　（b）低分辨率

图 1-12　文字素材对比

1.2.4　常用的图像文件格式

Photoshop 软件支持多种图像文件格式，常用的图像文件格式有下面几种：

1．Photoshop 文件格式（简称 PSD / PDD 格式）

PSD 格式是 Photoshop 默认的文件格式，可包括图层、通道和颜色模式等信息，该格式是唯一支持全部颜色模式的图像格式，可以随时进行编辑和修改，是一种无损的存储格式。由于 PSD 格式保存信息较多，图像没有压缩，文件比较大。

2．TIFF 文件格式

这是一种通用的位图图像格式，几乎所有的扫描仪和多数图像软件都支持这一格式。

TIFF 格式可支持 RGB 颜色、CMYK 颜色、Lab 颜色、索引颜色、位图和灰度模式，有非压缩和 LZW 压缩（无损压缩）格式之分，可以支持通道信息，如图 1-13 所示。

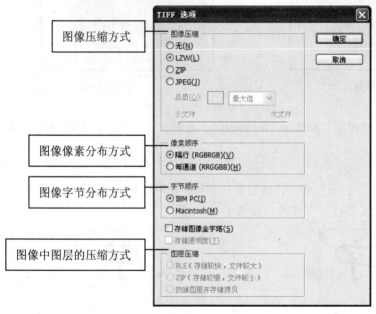

图 1-13　"TIFF 选项"对话框

3．JPEG（JPG）文件格式

JPEG 格式是一种带压缩的文件格式，其压缩率是目前各种图像文件格式中最高的。Photoshop 设置了 12 个压缩级别，不同的压缩级别决定了图像的品质和压缩程度。当参数设置为 12 时，图像的品质最佳，但压缩量最小。

JPEG 格式支持 CMYK、RGB 和灰度颜色模式，但不支持 Alpha 通道。该格式主要用于图像预览和制作 HTML 网页，如图 1-14 所示。

4．Photoshop EPS 文件格式

可以用于存储矢量图，几乎所有矢量绘制和页面排版软件都支持该格式。EPS 格式支持 Lab、CMYK、RGB、索引色、灰度和位图色彩模式，支持剪贴路径，但不支持 Alpha 通道。其最大的优点是可以在排版软件中以低分辨率预览，而在打印机中以高分辨率输出。

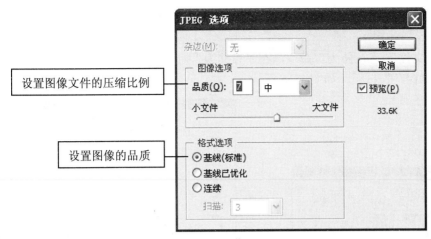

图 1-14　"JPEG 选项"对话框

5．BMP 文件格式

BMP 是一种标准的点阵式图像文件格式，也是 Windows 系统下的标准格式，我们利用 Windows 的画笔程序绘图，就可保存为*.BMP 格式文件。该格式支持 RGB、索引、灰度和位图色彩模式。

6．GIF 文件格式

GIF 文件格式是 CompuServe（是美国最大的在线信息服务机构之一）提供的一种格式，支持 BMP、Grayscale、Indexed Color 等色彩模式，并且可以制作 GIF 动画。缺点是最多只能处理 256 种颜色，不支持 Alpha 通道。由于 GIF 格式可以使用 LZW 进行压缩，节省存储空间，因此被广泛用于通信领域和因特网的 HTML 网页文档中。

7．PDF 格式

PDF 图像文件格式是 Adobe 公司用于 Windows、MacOS、UNIX （R）和 DOS 系统的一种电子出版软件格式，这种格式文件可以包含矢量和位图像，还可以包含导航和电子文档查找功能。

8．TGA 格式

TGA 是 Targa Format 的缩写，是一种在 TVGA 显示器下运行的图像格式，后来其他许多图形软件也逐渐支持这种格式。TGA 格式支持带一个单独 Alpha 通道的 32 位 RGB 文件，以及不带 Alpha 通道的索引颜色模式、灰度模式、16 位和 24 位 RGB 文件。

9．PCX 格式

PCX 图像文件格式是由 ZSOFT 公司开发 PC Paintbrush 图像软件时开发的文件格式。该格式支持 RGB、索引、灰度及位图等色彩模式，并可用 RLE 压缩方式进行图像文件的保存。

10．PXR 格式

PXR 图像文件格式是应用于 PLXAR 工作站上的一种文件格式，该格式支持灰度图像和 RGB 彩色图像。在 Photoshop CS3 中把图像文件以 PXR 格式存储后，就可以把图像文件输送到 PLXAR 工作站上，而在 Photoshop CS3 中也可以打开由该工作站创建的图像文件。

案例 1-3　将 PSD 格式的文件转换成 JPEG 格式。

操作步骤：

（1）打开"绿色"图像，从图像窗口的标题栏中可以看出此图像格式为 PSD 格式，如图 1-15 所示。

（2）选择"文件" | "存储为"命令，在"存储为"对话框中将文件格式设置为 JPEG 格式，然后单击"保存"按钮，如图 1-16 所示。

图 1-15　原图　　　　　　　　　　　　图 1-16　　"存储为"对话框

（3）在弹出的 JPEG 选项对话框中，进行压缩品质的设置，单击"确定"按钮即可，如图 1-17 所示。

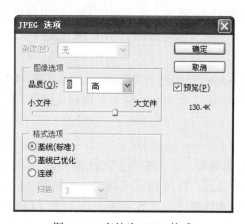

图 1-17　存储为 JPEG 格式

1.3　中文 Adobe Photoshop CS3 的安装

1.3.1　Adobe Photoshop CS3 的系统需求

Photoshop CS3 对软、硬件资源配置要求相对较高，具体要求是：

操作系统：Microsoft Windows 2000（Service Pack3）或 Windows XP 操作系统。

CPU：Pentium Ⅲ以上。

内存：128MB 以上（推荐使用 512 MB）。

鼠标：三键鼠标。

硬盘：20GB 以上。

光驱：16 倍速以上 CD-ROM 驱动器。

显卡：配有 16 位彩色或更高视频卡的彩色显示器。

显示器：具有 1024 像素×768 像素或更高的分辨率。

输入 / 输出设备：除 CD-ROM 驱动器外，还有扫描仪、彩色打印机等，打印输出一般选用彩色喷墨打印机。

1.3.2　中文 Adobe Photoshop CS3 的安装与卸载

1．Photoshop CS3 的安装

首先把 Photoshop CS3 的安装程序光盘放入光驱内，打开 Photoshop CS3 的文件夹，双击"Setup.exe"执行程序，按照软件中的安装说明文件即可完成 Photoshop CS3 的安装。

2．Photoshop CS3 的卸载

选择"我的电脑"|"控制面板"中打开"添加/删除程序"命令，打开"添加/删除程序"图标，在其中的安装程序列表中单击选择 Photoshop CS3，再单击"删除"按钮，开始卸载程序即可。

3．运行 Photoshop CS3

安装好 Photoshop CS3 以后，就可以启动使用它了。在桌面上选择"开始"|"程序"Adobe Photoshop CS3 命令即可，或者双击桌面上 Photoshop CS3 的快捷方式图标 来运行此软件。

提示：

在 Photoshop 的各种对话框中，按下 Alt 键，"取消"按钮将变为"复位"按钮。单击"复位"按钮可以将各种设置还原为系统默认值。

4．退出 Photoshop

有以下几种方法退出 Photoshop CS：

（1）选择"文件"|"退出"命令，或单击 Photoshop 窗口右上角的关闭按钮 ，就会关闭所有打开的图像窗口并退出 Photoshop 程序。

（2）使用组合键 Alt+F4。

1.4　Photoshop CS3 的工作界面

启动 Photoshop CS 后，即出现如图 1-18 所示的工作界面。

1.4.1　标题栏

标题栏位于界面最上方，显示 Photoshop 系统的版本名称，右侧 、 、 的按钮分别用来最小化、最大化（或恢复）和关闭工作界面。

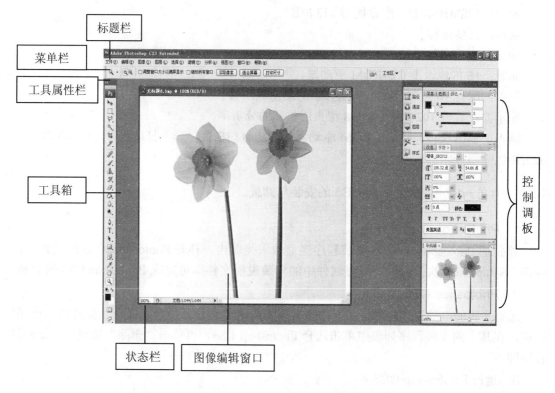

图 1-18　Photoshop CS3 工作界面

1.4.2　菜单栏

菜单栏位于标题栏下方，10 个菜单项分别是"文件"、"编辑"、"图像"、"图层"、"选择"、"滤镜"、"分析"、"视图"、"窗口"和"帮助"。当菜单命令显示为黑色，表示此命令在当前状态可立即执行，当菜单命令显示为灰色，表示此命令在当前状态不能立即执行。

使用菜单可以直接用鼠标单击菜单名，在打开的菜单里选择菜单命令，还可以在图像编辑窗口单击鼠标右键，打开一个快捷菜单，选择需要执行的命令即可。如图 1-19 所示为当前工具为选取工具，单击鼠标右键弹出快捷菜单。

1.4.3　工具箱

"工具箱"是 Photoshop 软件的常用部分，是图像设计和编辑的重要工具。其默认位置位于工作界面左侧，包含了各种绘图编辑和修饰工具，使用这些工具可以对图像进行选择、绘制、取样、编辑、移动、查看等操作。用鼠标单击工具按钮或通过快捷键就可以使用这些工具。

提示：

图 1-19　右键快捷菜单

1．工具箱中的默认工具的选择

通过鼠标单击要使用的工具按钮，当该工具按钮底部呈高亮显示状态，表示该工具已经被选择。例如，用鼠标左键单击移动工具按钮 即可，这时所选按钮就会呈现高亮状态 。"工具箱"中部分工具按钮右下角有一个小三角形图标 ，表示该工具下还隐藏有其他工具按钮。

2．工具箱中的隐藏工具选择方法

①用鼠标移动到隐藏工具所在的工具按钮上，按住鼠标左键不松开就会弹出隐藏工具按钮。单击选择需要的隐藏工具即可。按住 Alt 键，再反复单击隐藏工具所在的工具按钮，就会循环显示各个隐藏工具按钮。

②按 Shift 键，同时反复按隐藏工具所在的快捷键，就会循环出现其隐藏工具。

1.4.4　工具属性栏

默认情况下，"工具属性栏"位于菜单栏下方。工具属性栏用于显示当前工具按钮的参数和选项设置，"工具属性栏"的内容会随"工具箱"中工具选择的不同而产生相应的变化。

当在工具箱中选择"抓手工具" 和"缩放工具" 后，工具属性栏分别如图 1-20所示。

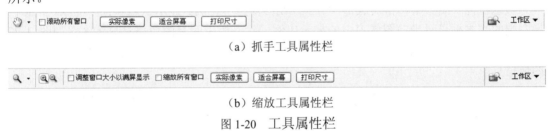

（a）抓手工具属性栏

（b）缩放工具属性栏

图 1-20　工具属性栏

提示：

在工具属性栏中的工具图标上单击右键，在弹出的快捷菜单上可以选择"复位工具"和"复位所有工具"命令，如图 1-21 所示。

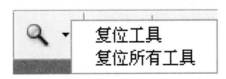

图 1-21　工具属性栏中的工具图标右键菜单

"复位工具"：将当前使用工具选项恢复为默认状态。

"复位所有工具"：将所有工具的选项恢复为默认状态。

1.4.5　图像编辑窗口

图像编辑窗口是 Photoshop CS3 的主要工作区，用于对图像进行浏览和编辑。图像窗口同 Windows 窗口一样，也有"最大化"、"最小化"和"关闭"按钮，窗口上方显示图像文件的名称、显示比例和色彩模式，如图 1-22 所示。

图 1-22　图像文件

1.4.6　状态栏

状态栏位于图像编辑窗口底部，用于控制图像显示比例、显示状态和打印区域。状态栏最左端的文本框显示当前图像窗口的显示比例，状态栏中间是图像信息显示区，如图 1-23 所示，单击状态栏右端的小三角形按钮，将打开一个弹出式子菜单，可选择相关命令来显示图像信息。

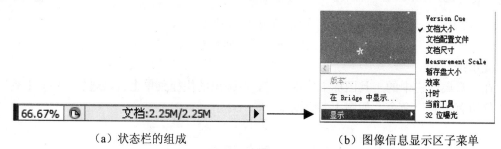

（a）状态栏的组成　　　　　　　　　　（b）图像信息显示区子菜单

图 1-23　状态栏

提示：

（1）文档大小：显示正在处理的图像文件大小。图像文件包括多图层、多通道时"/"前的数字表示合并图层后的图像文件大小；"/"后的数字表示合并图层前的图像文件大小。如果这两个数是相等的，表示该图像文件中没有图层。这两个数都不会与图像文件的实际存盘大小完全相同，因为文件在保存时还会加入一些附加信息。

（2）暂存盘大小：显示当前图像占用内存大小和当前可用内存数。"/"前的数字表示当前打开的图像文件占用的内存；"/"后的数字表示当前系统可用内存数。

（3）效率：表示 Photoshop 使用内存的效率。

（4）计时：显示最近一次操作所用的时间。

（5）当前工具：显示当前所使用的工具箱工具。

　　在状态栏中还可以显示下列信息：在状态栏中间的图像信息显示区中按住鼠标左键不松手，将会显示当前图像在打印输出时的位置；如果按下 Alt 键，在状态栏中间的图像信息显示区中按住鼠标左键不松手，将会显示当前图像的宽度、高度、分辨率等信息，如图 1-24 所示。

宽度:1024 像素(36.12 厘米)
高度:768 像素(27.09 厘米)
通道:3(RGB 颜色，8bpc)
分辨率:72 像素/英寸

图 1-24　状态栏信息

1.4.7　控制调板

　　控制调板默认位置位于界面右侧。单击调板上三角形按钮，调板可以伸展或收缩，单击任一按钮都可以打开相应的调板，再继续单击，调板最小化缩为图标。

1．控制调板的显示与隐藏

　　（1）可以利用"窗口"菜单命令进行控制调板的显示和隐藏。

　　（2）按下 Shift+Tab 键，只隐藏浮动的控制调板，再次按时则恢复显示浮动调板。

　　（3）按键盘上的 Tab 键，可以隐藏包括工具箱在内的所有浮动调板，再按 Tab 键则恢复显示浮动调板。

　　（4）与 Windows 中窗口一样，调板上的"最小化"和"关闭"按钮也可以用来最小化和关闭调板。

　　提示：

　　分别按 F5、F6、F7、F8、F9 键可以显示和隐藏"画笔"、"颜色"、"图层"、"信息"、"动作"调板。

2．控制调板的拆分

　　用鼠标按住控制调板组中一个控制调板的标签向工作区空白处拖动即可，如图 1-25 所示。

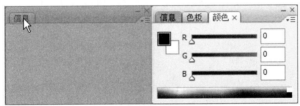

（a）拖动控制调板

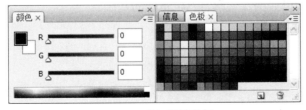

（b）释放鼠标

图 1-25　控制调板的拆分

3．控制调板的组合

　　拖动一个控制调板到另一个控制调板的标签处呈线框显示时释放鼠标即可，如图 1-26 所示。

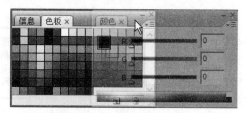

图 1-26　控制调板的组合

4. 控制调板的链接

用鼠标拖动控制调板的标签到另一个控制调板底部呈黑色粗实线时释放鼠标即可。如图 1-27 所示。

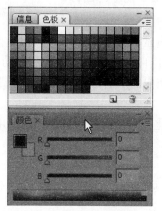

（a）拖动控制调板

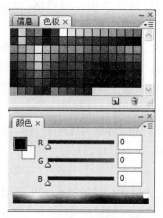

（b）释放鼠标

图 1-27　控制调板的链接

提示：

单击"窗口"|"工作区"|"复位调板位置"命令，可以使界面恢复到默认状态。

本章小结

学习完本章，读者已经对 Photoshop CS3 有了初步的认识，如 Photoshop CS3 新功能，自己怎样动手安装、运行、卸载 Photoshop CS3，Photoshop CS3 的工作界面组成以及常用的图像格式等基本知识，为以后的深入学习奠定良好的基础。

习题与应用实例

一、习题

1. 填空题

（1）Photoshop 默认的图像文件格式的后缀为_____。

（2）要隐藏控制调板和工具栏，可以按下_____键，要隐藏控制调板但不隐藏工具栏，可以按下_____键。

（3）位图图像和矢量图像的区别是_____。

（4）Photoshop CS3 工作界面由_____、_____、_____、_____、_____、_____和_____组成。

（5）图像类型可以分为_____和_____两种类型。

2．选择题

（1）下列哪种格式的图像文件能保存 Photoshop 通道信息（　　　）。

A．JPEG　　　　　B．GIF　　　　　C．PSD　　　　　D．TIFF

（2）在 Photoshop 软件中，系统默认的显示分辨率为（　　　）。

A．72PPI　　　　　B．150PPI　　　　　C．30PPI　　　　　D．300PPI

（3）分别按（　　　）键可以显示和隐藏"信息"调板、"颜色"调板、"图层"调板。

A．F4、F6、F7　　　　B．F8、F6 、F7　　　　C．F8、F5 、F7　　　　D．F8、F9 、F7

（4）（　　　）文件格式被广泛用于通信领域和因特网的 HTML 网页文档中。

A．JPEG　　　　　B．TIFF　　　　　C．PSD　　　　　D．GIF

（5）如果想要恢复对话框中的默认设置，则可以按下（　　　）键，"取消"按钮变成"复位"按钮，用鼠标左键单击它，就可以恢复到对话框的默认设置。

A．Shift　　　　　B．Tab　　　　　C．Alt　　　　　D．Ctrl

二、应用实例

1．将"色板"、"通道"、"导航器"、"样式"四个控制调板进行组合、最小化、还原、关闭。

2．运行、关闭 Photoshop CS3；熟悉组合键，会显示与隐藏工具箱及控制调板。

第二章　Photoshop CS3 的基本操作

【学习要点】
● Photoshop CS3 基本的文件操作
● 使用 Adobe Bridge 浏览器整理素材
● 图像的缩放观察
● 页面辅助工具的使用

2.1　图像文件的基本操作

2.1.1　新建图像文件

如果要在一个空白图像文件中绘制图像，则需要新建一个图像文件。在 Photoshop CS3 中新建图像文件的方法如下：

（1）选择"文件"|"新建"命令或按 Ctrl+N，打开"新建"对话框。
提示：按下 Ctrl 键同时双击 Photoshop CS3 工作区也能打开"新建"对话框。

（2）在打开的对话框中输入新图像的文件名，设置图像的宽度、高度、分辨率、颜色、模式、背景内容等参数，然后单击"确定"按钮，如图 2-1 所示。

提示：

①名称：新建文件名称。系统默认名为"未标题-1"。

②预设：选择文件预设尺寸大小。如选择"B5"，则在"宽度"、"高度"列表框中显示此尺寸数值。

③宽度：设定新建文件宽度。

④高度：设定新建文件高度。

⑤分辨率：设定新建文件分辨率。

图 2-1　"新建"对话框

如果希望图像仅用来显示，可将其分辨率设置为 72 或 96 像素/英寸（与显示器分辨率相同）；如果希望图像用于印刷输出，应将其分辨率设置为 300 像素/英寸或更高。

⑥颜色模式：设置新建文件的色彩模式。通常采用 RGB 色彩模式，8 位/通道。

⑦背景内容：设置新建文件的背景图层颜色。下拉列表中有白色、背景色、透明色三种方式。当选择"透明色"时，生成的图像背景显示为灰白相间的方格。

2.1.2　打开和关闭图像文件

（1）要打开一幅或多幅已经存在的图像，选择"文件"|"打开"命令或按 Ctrl+O 键，打开"打开"对话框，如图 2-2 所示。

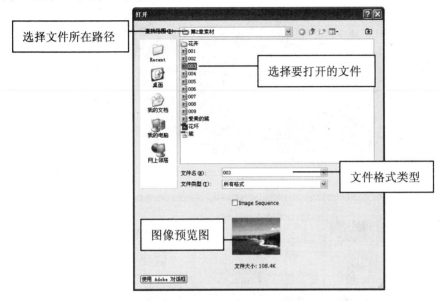

图 2-2　"打开"对话框

（2）设置要打开图像的路径和文件类型，单击图像文件名，然后单击"打开"按钮。注意：要一次打开多个图像文件，可以用 Ctrl 键和 Shift 键配合。其中，要打开一组连续的文件，可在单击选定第一个文件后，按住 Shift 键的同时单击最后一个要打开的图像文件；要打开一组不连续的文件，可在单击选中第一个图像文件后按住 Ctrl 键的同时单击选中其他图像文件。最后单击"打开"按钮，如图 2-3 所示。

（a）按住 Ctrl 键打开多个图像文件　　　　（b）按住 Shift 键打开多个图像文件

图 2-3　打开多个图像文件

提示：打开图像最简单的方法就是直接用鼠标左键双击工作界面中的任意空白处，然后在"打开"对话框中双击要打开的图像文件。

2.1.3　排列图像文件

同时打开多个图像时，图像窗口将以层叠的方式显示，也可以将它们进行其他排列。操作方法如下：

（1）选择"窗口"|"排列"命令。

（2）在弹出的子菜单中选择需要的排列命令即可。

提示：在 Photoshop CS3 中图像窗口的排列方式中有层叠、水平平铺、垂直平铺和排列图标四种，如图 2-4 所示。

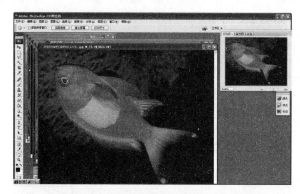

（a）层叠排列

（b）垂直平铺

图 2-4　排列方式

案例 2-1　打开多个图像文件，排列方式为水平平铺，各图像窗口显示比例一致。

操作步骤：

（1）选择"文件"|"打开"命令或按 Ctrl+O 键，打开"打开"对话框，选择"第二章素材"中的多个图像文件，并单击"打开"按钮，如图 2-5 所示。

图 2-5　打开文件

（2）选择"窗口"|"排列"|"水平平铺"命令，将打开的多个图像窗口水平平铺排列，如图 2-6 所示。

（3）选择"窗口"|"排列"|"匹配缩放和位置"命令，使多个图像窗口显示比例一致，如图 2-7 所示。

图 2-6　水平平铺　　　　　　　　　　图 2-7　"匹配缩放和位置"命令

2.1.4　保存和关闭图像文件

图像处理完成后，要保存图像，可选择"文件"|"保存"命令，或按 Ctrl+S 键保存。如果该图像为新图像文件，打开"存储为"对话框，设置好保存文件名和格式后，单击"保存"按钮即可，如图 2-8 所示。

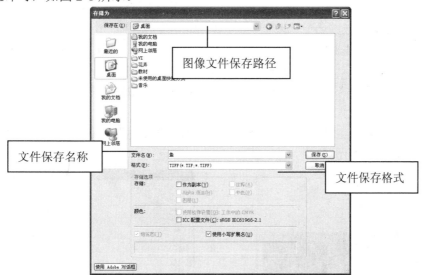

图 2-8　保存图像文件

关闭图像文件有两种方式：

（1）直接单击图像窗口名称栏右侧的关闭按钮■。

（2）选择"文件"|"关闭"命令，如图 2-9 所示。

案例 2-2　练习新建文件，移动图像，保存文件。

制作步骤：

（1）按下 Ctrl+N 键，打开"新建"对话框，设定文件名称为"假日"，宽度 1024 像素，高度 768 像素，分辨率 72 像素／英寸，背景内容透明，如图 2-10 所示。

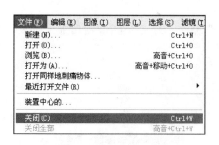

图 2-9　关闭图像文件

图 2-10　新建文件

（2）打开素材"007"图像，选择移动工具 🔀，在素材图像窗口中按住鼠标左键不放并拖动到新建的"假日"图像文件中，如图 2-11 所示。

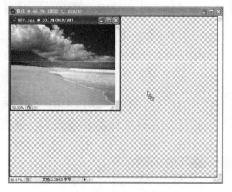

（a）使用移动工具拖动

（b）松开鼠标

图 2-11　移动图像文件

（3）打开素材"熊"图像，选择移动工具，在素材图像窗口中按住鼠标左键不放并拖动到新建的"假日"图像文件中，如图 2-12 所示。

（4）选择"文件"|"存储为"命令，在打开的"存储为"对话框中，选择格式为 PSD进行保存，如图 2-13 所示。

图 2-12　图像效果

图 2-13　保存文件

2.2　使用 Adobe Bridge（文件浏览器）浏览器整理素材

Adobe Bridge（文件浏览器）使得图片管理与处理变得更为简单快速，而且增添了许多实用的新功能，使用 Adobe Bridge 可以很方便地在文件夹间通过拖放的方式移动文件，如同使用 Windows 中的资源管理器，可以对文件进行复制、粘贴、剪切、删除、重命名等基本操作，对提高工作效率有很大的帮助。

选择"文件"|"浏览"命令，或单击工具属性栏右侧的按钮，打开 Adobe Bridge 对话框，如图 2-14 所示。

图 2-14　Adobe Bridge 对话框

2.2.1　素材图像的查看方式

1．以不同的方式显示文件

使用 Bridge 窗口右下方的不同视图控制图标、、，可以切换不同的视图方式。在每种视图中，使用窗口下方滑杠上的滑块可以缩放图片缩略图的显示，如图 2-15 所示。按快捷键 Ctrl+L 可以切换到全屏显示模式浏览图片，在全屏模式下，按 H 键可以显示操作快捷键，按空格键可以控制播放或暂停。

图 2-15　视图控制图标

2．文件的显示（View）方式

三种视图分别简介如下：

Thumbnail View（缩略图视图）：以缩略图方式显示文件，类似于在 Windows XP 的资源管理器中以缩略图方式浏览图片时的效果，对话框右下侧显示文件的名称和创建日期等信息，如图 2-16 所示。

Filmstrip View（幻灯片视图）：使用幻灯片视图，可以像使用 Windows 中的"图片与传真查看器"或 ACDSee 一样预览和自动播放图片，如图 2-17 所示。

图 2-16　缩略图视图

图 2-17　幻灯片视图

Details View（详细信息视图）：显示可滚动查看的缩略图，并在缩略图右侧显示出选中文件的相关信息，比如创建日期、修改日期、文件类型、像素大小、文件大小、颜色模式、作者、来源、关键词等，如图 2-18 所示。

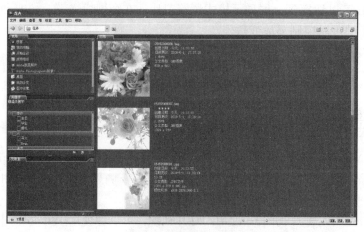

图 2-18　详细信息视图

提示：单击并用鼠标按住任何一个视图查看按钮不放，在弹出的快捷菜单里可以选择其他的图像查看方式，如图 2-19 所示。

图 2-19　其他的图像查看方式

3．在 Bridge 中打开文件

在 Adobe Bridge 中使用菜单"文件"|"打开"，或者直接双击图像文件都会打开该文件。

4．为图片添加与删除标签

使用 Adobe Bridge 为图片文件加上不同颜色的标签，是快速标识大量图片的一种有效而灵活的方法。

使用菜单"标签"|"选择"命令即可添加颜色标签，或使用文件上的右键菜单中的"标签"子菜单，如图 2-20 所示，都可以为选中的文件加上标签。五种颜色依次是：红色、黄色、绿色、蓝色、紫色。使用快捷键可以快速为文件加标签，红色是 Ctrl+6 组合键，黄色是 Ctrl+7 组合键，绿色是 Ctrl+8 组合键，蓝色是 Ctrl+9 组合键。

图 2-20　添加标签

2.2.2　重命名素材

1．单个文件重命名

用鼠标左键单击图像文件名称，文件名呈现为可编辑状态后输入新的文件名即可，如图 2-21 所示。

图 2-21　单个文件重命名

2．批量重命名

使用 Adobe Bridge 可以将一组文件或文件夹批量改名。在改名时，可以对文件名称进行设置。批量改名可以大大节省用户的时间。

操作方法如下：

（1）选中要改名的多个文件或文件夹，选择菜单"工具"|"批重命名"命令，打开"批重命名"对话框，如图 2-22 所示。

（2）在对话框中设置好目标文件夹中的起始文件名，单击"确定"按钮即可。

图 2-22　批量重命名

提示：

根据需要选择目标文件夹以下三种方式：

再命名在同一的文件夹：选择此项就会将选定的文件在其所在文件夹中直接改名。

移动到其他文件夹：选择此项将文件移动到其他文件夹，然后改名。单击下方的"浏览"按钮可以选择要移动到的目标文件夹，如图 2-23 所示。

复制到其他文件夹：选择此项则原来选定的文件先复制到其他文件夹，然后再改名，这样原文件就会被原样保留。单击下方的"浏览"按钮可以选择要复制到的目标文件夹。

设置新文件名的格式：

先在最左边的下拉列表中选择一种方式作为起始文件名，如文件名称的开头文本、新扩展名、当前文件名、日期、序列号、序列字母等。然后在其右侧输入或选择必要的文字。最右侧的加减号可以添加或删除新文件名格式，如图 2-24 所示。

图 2-23　目标文件夹三种方式

图 2-24　设置新文件名的格式

2.2.3　旋转和删除素材

1．旋转素材

在 Adobe Bridge 中可以对 JPEG、PSD、TIFF 文件及数码相机 Raw 格式文件进行旋转，旋转并不会对图像文件的数据产生影响。

选中一幅图片后，单击工具栏上的 或 按钮，即可将图片逆（或顺）时针旋转 90°。如果要旋转 180°，则要使用菜单"编辑"|"旋转 180°"命令，如图 2-25 所示。

（a）原图　　　　　　　　　　　　　（b）旋转 180°

图 2-25　旋转素材

2．删除素材

在图像预览区中选择要删除的素材图像文件，单击删除按钮 ，点击"确定"按钮即可。

提示：在 Adobe Bridge 中删除素材图像后将不能恢复。

案例 2-3　使用 Adobe Bridge（文件浏览器）给一组文件批量重命名。

操作步骤：

（1）打开第二章素材中的"花卉"文件夹，将文件夹下要重命名的多个图片选中，如

图 2-26 所示。

图 2-26　选中图片

（2）选择"工具" | "批重命名"命令，打开"批重命名"对话框，在"新文件名"中设置 "日期时间"，创建时间可在右面下拉列表中选择"日月年"，如图 2-27 所示。

（3）单击"新文件名"栏右侧的按钮回，增加一个自定义项。在"新文件名"中设置"序号"，以 001 开头，如图 2-28 所示。

 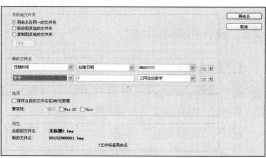

图 2-27　"批重命名"对话框　　　　　　　　　　图 2-28　自定义项

（4）单击"再命名"按钮，查看命名效果，如图 2-29 所示。

图 2-29　查看命名效果

2.3　图像缩放观察

在查看图像时，常常需要放大或缩小图像。

提示：图像缩放观察时使用的快捷键：

（1）Ctrl+ "+"：当前窗口图像放大一倍，窗口大小不变。

（2）Ctrl+ "−"：当前窗口图像缩小二分之一，窗口大小不变。

（3）Ctrl+Alt+ "+"：当前窗口图像和图像窗口同时放大一倍。

（4）Ctrl+Alt+ "−"：当前窗口图像和图像窗口同时缩小二分之一。

2.3.1　使用工具

1．使用缩放工具

使用缩放工具可以对图像进行放大和缩小。

（1）使用缩放工具放大图像。

选择缩放工具，然后在图像窗口中单击鼠标左键，当前窗口中的图像将放大一倍，如图 2-30 所示。

提示：在图像窗口中，缩放工具的鼠标指针将变成放大工具图标，每单击一次，以单击的点为中心显示。当图像到达最大放大级别 3200%时，放大镜中的加号即消失。

　　　　（a）原图　　　　　　　　　　　　（b）使用缩放工具放大图像

图 2-30　使用缩放工具

（2）使用缩放工具缩小图像。

选择工具箱中的缩放工具，按住 Alt 键，当放大工具图标变成时，在图像窗口中单击鼠标左键，当前窗口中的图像将缩小二分之一，如图 2-31 所示。

 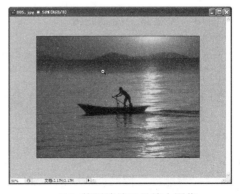

　　　　（a）原图　　　　　　　　　　　　（b）使用缩放工具缩小图像

图 2-31　缩小图像

（3）使用缩放工具属性栏。

选择工具箱中的缩放工具 🔍，单击工具属性栏中的"适合屏幕"按钮，当前图像会按屏幕大小合理显示；单击"打印尺寸"按钮，则图像按打印尺寸来显示，如图 2-32 所示。

图 2-32　缩放工具属性栏

提示：使用缩放工具 🔍 查看图像时，按键盘上空格键，图像文档窗口中的光标将显示为 ✋，拖动它可以平移整个图像。

（4）若双击工具箱中的缩放工具 🔍，将当前窗口图像以 100%的比例显示。

2．使用抓手工具

当图像内容大于编辑视图可显示的范围时，可以利用抓手工具滚动浏览画面。

在工具箱中选择抓手工具按钮 ✋，将鼠标移至图像中，按住鼠标左键拖动即可，如图 2-33 所示。若双击工具箱中的抓手工具按钮 ✋，将当前窗口图像以屏幕最大尺寸显示图像。

提示：当图像内容大于编辑视图可显示的范围时，除了可以使用抓手工具来观察放大后图像的局部之外，也可以利用视窗的滚动条滚动画面。

当图像显示大于 100%时，图像窗口右侧和底部会出现滚动条。直接用鼠标左右拖动图像窗口底部的滚动条，或者上下拖动图像窗口右侧的滚动条即可。

（a）原图　　　　　　　　　　（b）放大图像后使用抓手工具拖动查看

图 2-33　利用抓手工具滚动浏览画面

2.3.2　使用"导航器"控制调板

"导航器"控制调板也可以用来放大缩小显示图像，操作如下：

（1）打开一个图像文件。

（2）单击"导航器"控制调板底部右侧的按钮 ⬆ 即可放大显示，单击左侧的按钮 ⬇ 则缩小显示。该窗口中的图像也将显示在"导航器"控制调板预览窗中，拖动时当前缩放比例显示在位于它左边的文本编辑框中，需要精确的比例时，也可以输入一个确切的缩放比例。

提示："导航器"控制调板中的预览区出现红色的矩形线框时，鼠标指针移动到预览区后会变成 ✋ 图标，按住左键可拖动查看图像，如图 2-34 所示。

（a）放大显示   （b）拖动查看图像

图 2-34 "导航器"控制调板

2.3.3 使用菜单命令

在 Photoshop CS3 的"视图"菜单下，有五条命令可以用来控制图像的显示，如图 2-35 所示。

（1）放大 / 缩小：每选择一次该命令，当前窗口图像就相应的放大一倍或缩小二分之一。

（2）按屏幕大小缩放：选择该命令，将当前窗口图像以屏幕最大尺寸显示图像。

（3）实际像素：选择该命令，将当前窗口图像以 100%的比例显示。

（4）打印尺寸：选择该命令，将当前窗口图像以打印时的尺寸显示。

技巧：按 Ctrl+O 组合键以屏幕大小显示图像，按 Ctrl+Alt+O 组合键以打印尺寸显示图像。

案例 2-4 使用缩放工具放大显示图像局部，进行图像合成后，按打印尺寸显示图像。

操作步骤：

（1）打开"爱美的熊"图像，使用缩放工具 放大显示画面中熊的头部，如图 2-36 所示。

放大(I)	Ctrl++
缩小(O)	Ctrl+-
按屏幕大小缩放(F)	Ctrl+O
实际像素(A)	Alt+Ctrl+O
打印尺寸(Z)	

图 2-35 菜单命令   图 2-36 放大显示

（2）打开"花环"图像，选择移动工具，在当前图像窗口中按住鼠标左键不放，并拖动到"爱美的熊"图像文件中，如图 2-37 所示。移动花环到头部合适的位置即可，如图 2-38 所示。

图 2-37　移动图像　　　　　　　　　　图 2-38　画面效果

2.3.4　设置图像屏幕显示方式

Photoshop CS3 有以下四种屏幕显示方式：标准屏幕模式、最大化屏幕模式、带有菜单栏的全屏模式、全屏模式，如图 2-39 所示。

用鼠标右键单击工具箱底部的按钮，在弹出的子菜单中选择命令。

提示：全屏幕显示模式是平面设计中常用的方式，操作范围较大。

（a）带有菜单栏的全屏模式

（b）全屏显示模式

图 2-39　屏幕显示方式

2.4　页面辅助工具

在使用 Photoshop CS3 处理图像时，经常需要使用标尺、参考线、网格线等辅助工具。

2.4.1　标尺的设置

标尺是用来显示鼠标当前所在位置的坐标和图像尺寸的。使用标尺可以更准确地对齐图像对象和选定的范围。执行"视图"|"标尺"命令显示标尺，用鼠标右键单击水平或垂直标尺，在弹出的快捷菜单中能设置标尺单位，如图 2-40 所示。

（a）原图

（b）右键快捷菜单

图 2-40　显示标尺

默认设置下，标尺的原点在窗口左上角，其坐标为（0，0）。要改变标尺原点，可以将鼠标移动到水平标尺和垂直标尺交汇处，单击并按住鼠标左键，然后拖拽鼠标到需要的位置，再松开鼠标，则标尺原点改变到当前位置。若要恢复标尺原点，只需用鼠标在水平标尺和垂直标尺交汇处双击即可，如图 2-41 所示。

（a）按住鼠标左键拖拽鼠标原点

（b）松开鼠标

图 2-41　改变标尺原点

提示：按组合键 Ctrl+R，可以显示或隐藏标尺。

2.4.2　参考线的设置

参考线是浮动在图像上的直线，用来提供参考位置，不会被打印出来。

（1）精确创建参考线：选择"视图"|"新建参考线"命令，打开"新建参考线"对话框，如图 2-42 所示。在对话框的"取向"栏中设置参考线类型，在"位置"数值框中设置参考线的位置即可。

图 2-42　"新建参考线"对话框

（2）拖动创建参考线。

在显示标尺的状态下，将标尺从垂直标尺向右拖拽就可以设置垂直参考线；将光标从水平标尺向下拖拽就可以设置水平参考线。

（3）移动参考线。

将鼠标指针移动到要移动的参考线上，当指针变成 ╪ 时按住鼠标左键拖动，可以移动参考线，如图 2-43 所示。

（a）拖动创建参考线　　　　　　　　　　　　　　（b）移动参考线

图 2-43　移动参考线

（4）锁定参考线。

选择菜单"视图"|"锁定参考线"，则不能移动参考线。

（5）删除参考线。

将鼠标指针移动到要删除的参考线上，当指针变成 ╪ 时按住鼠标左键，将参考线拖拽到图像窗口外可以清除该参考线。如果选择菜单"视图"|"清除参考线"，可以清除所有参考线。

提示：

（1）显示或隐藏参考线，可执行"视图"|"显示"|"参考线"命令或组合键 Ctrl+;。

（2）锁定当前画布中的参考线，可执行"视图"|"锁定参考线"命令或组合键 Ctrl+Alt+;。

2.4.3　网格的设置

网格是一种方格状的辅助定位线，用来对齐参考线，以便在操作中对齐图像对象，不会被打印出来。

选择菜单命令"视图"|"显示"|"网格"命令，或按 Ctrl+' 键，可以在图像窗口中显示或隐藏网格线。

若要改变网格线的线型、颜色、网格间距等，选择"编辑"|"首选项、参考线、切片计数"命令，可在打开的"首选项"对话框"网格"下进行设置即可，如图 2-44 所示。

提示：

显示网格后，就可以沿着网格线的位置进行对象的选取、移动和对齐等操作。执行"视图"|"对齐到"|"网格"命令，可以在移动对象时自动贴近网格，或在选取区域时自动定位。

（a）默认网格

（b）"首选项"对话框"网格"下进行设置

（c）新设置后的网格

图 2-44　设置"网格"

本章小结

通过本章的学习，读者可以详细了解图像文件的新建、打开、排列、保存等基本操作，使用 Adobe Bridge 浏览器如何快捷地整理素材以及图像的辅助工具标尺、参考线、网格的使用和图像的缩放观察。

习题与应用实例

一、习题

1．填空题

（1）如果要将当前图像的视图比例显示为 100%，可以双击____工具，或者执行____命令。

（2）按____新建图像文件，按____键保存图像文件。

（3）新建图像文件时，需要设置的要素包括：图像文件名，____、____、____、____、____。

（4）要同时打开多个连续的图像文件，应按____键，然后用鼠标选择；同时打开多个不连续的图像文件，应按____键，再用鼠标选择。

（5）显示或隐藏图像窗口标尺可以使用快捷键____；显示或隐藏网格线可以使用快捷键____。

2．选择题

（1）在 Adobe Bridge（文件浏览器）中使用快捷键可以快速为文件加标签，红色是（　　），黄色是（　　），绿色是（　　），蓝色是（　　）。

A．Ctrl+9　　　　　　B．Ctrl+8　　　　　　C．Ctrl+6　　　　　D．Ctrl+7

（2）图像进行缩放观察时，使当前窗口图像缩小二分之一，窗口大小不变，使用（　　）快捷键；使当前窗口图像和图像窗口同时放大一倍使用（　　）快捷键。

A．Ctrl+Alt+"－"　　B．Ctrl+"－"　　　C．Ctrl+"＋"　　　D．Ctrl+Alt+"＋"

（3）下面关闭图像文件的操作，（　　）是错误的。

A．Ctrl+W　　　　　　B．Ctrl+F4　　　　　C．单击"文件"|"关闭"命令

D．单击"文件"|"退出"命令

（4）按（　　）键按屏幕大小显示图像，（　　）键按打印尺寸显示图像。

A．Ctrl+9　　　　　　B．Ctrl+O　　　　　　C．Ctrl+Alt+O　　D．Ctrl+7

（5）显示或隐藏参考线，可执行"视图"|"显示"|"参考线"命令或组合键（　　）。

A．Ctrl+；　　　　　　B．Ctrl+：　　　　　　C．Ctrl+'　　　　　D．Ctrl+Alt+；

二、应用实例

1．新建一个图像文件，要求：图像宽度为 800 像素，高度为 300 像素，图像分辨率为 300 像素/英寸，RGB 图像模式，背景色白色，并在图像窗口中央部位设置水平和垂直辅助线，最后将文件自己命名以"TIFF"格式保存到"我的文档"中。

2．打开素材"花卉"文件夹中的多个图像文件，可用 Shift 或 Ctrl 键配合。以垂直平铺进行排列，并匹配缩放与位置。分别使用缩放工具、抓手工具、导航器调板，体会图像缩放查看工具的使用。

第三章　选区的使用

【学习要点】
● 选框工具的使用方法
● 使用菜单命令创建选区
● 选区的编辑

3.1　使用选框工具创建选区

工具箱中的选框工具有矩形选框、椭圆选框以及宽度为 1 个像素的单行和单列选框工具供选择。它们所呈现出的共同特点都是闭合的框形选择区域。

3.1.1　矩形选框工具

使用方法如下：
（1）矩形选框工具作为最基本的选取工具，是用来选择矩形选区的工具。
（2）单击矩形选框工具，在图像中拖拉绘制出一个矩形选框。
案例 3-1　利用矩形选框工具在图像中框选出向日葵矩形图像。
操作步骤：
（1）打开图片，单击矩形选框工具，在图像中绘制出一个矩形选框，如图 3-1 所示。
（2）按住 Ctrl+Shift+I 快捷键，功能是反选（也就是选中选区没有选中的地方（在 3.5.3 中将详细讲解）），再按 Delete 键，清除选区内图像，得到想要的图像，如图 3-2 所示。

图 3-1　原图　　　　　　　　　　　　　图 3-2　图像效果

3.1.2　椭圆选框工具

使用方法如下：
（1）选择椭圆选框工具，如图 3-3 所示。

（2）单击椭圆选框工具在图像中拖拉会绘制出一个
椭圆选区。

案例 3-2　利用椭圆选框工具 ○ 在图片上绘制一个
椭圆选区。

操作步骤：

（1）在 Photoshop CS3 中打开准备好的图片。

（2）单击椭圆形选框工具，鼠标光标显示为"+"
样式时，在图中点击起始点 A，如图 3-4 所示。

（3）按鼠标左键，将光标拖动到终点 B 之后，放开鼠标按钮。以此选择了所需大小的
椭圆区域，如图 3-5 所示。

图 3-3　选择椭圆选框工具

图 3-4　点击起始点　　　　　　　　　　图 3-5　得到椭圆形选区

提示：

（1）按下 Alt 键用椭圆选框工具拖拉圆形区域，得到的是以鼠标起始点为中心的圆形
选区。

（2）按下 Shift 键用椭圆选框工具拖拉圆形区域，得到的是正圆形选区。

（3）按下 Alt+Shift 键用椭圆选框工具拖拉圆形区域，得到的是以鼠标起始点为中心的
正圆形选区，如图 3-6 所示。

图 3-6　绘制正圆形选区

3.1.3　单行选框工具和单列选框工具

单行选框工具和单列选框工具是制作 1 像素的横线选区或者竖线选区的工具。

1．使用方法

选择好单行选框工具或单列选框工具在图片上单击就可以绘制出 1 像素的横线选区或者竖线选区，如图 3-7、图 3-8 所示。

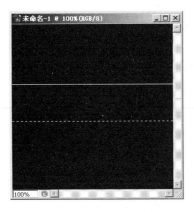

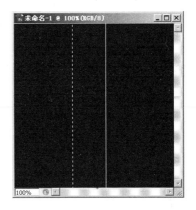

图 3-7　单行选框工具绘制　　　　　　　图 3-8　单列选框工具绘制

提示：用选框工具创建选区时，工具选项栏里会有一些选项，如图 3-9 所示。

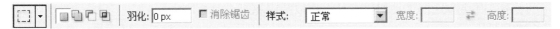

图 3-9　选框工具选项栏

2．各选项意义

（1）■新选区：取消原来选区，而重新选择新的区域。

（2）■添加到选区：为已经选择过的领域增加新的选择范围，如图 3-10 所示。

（3）■从选区减去：从选区中减去所选区域，如图 3-11 所示。

（4）■与选区交叉：在原选区和新的选区中选择重复的部分。

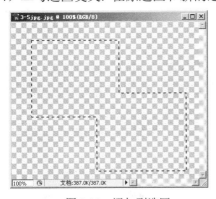

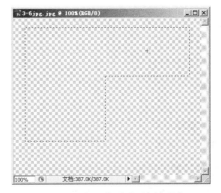

图 3-10　添加到选区　　　　　　图 3-11　选区中减去所选区域

（5）羽化 0 px 羽化选区：将选区羽化，羽化后填充颜色，色彩边缘过渡柔和。

提示："羽化"是一个常用的命令，在后面章节中有专门的介绍。

（6）样式 正常 样式选项的内容如图 3-12 所示。

① 正常：表示在当前工具下可以绘制一个选区。

图 3-12　样式选项

② 固定长宽比：固定长度和宽度的比例，如图 3-13 所示。

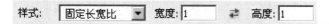

图 3-13　固定长宽比

提示：如果输入 1：1 的话，那么绘制的矩形或者圆形将是正方形选区或者正圆选区。如果输入 1：2 的时候，它的长宽比是 1：2。

③ 固定大小，如图 3-14 所示。

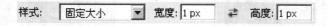

图 3-14　固定大小

提示：可以设置一个固定的大小，宽度和高度栏内输入参数。这时候图片上的选区将是设定好的大小。

3.2　使用套索工具组创建选区

套索工具组和选框工具相比较具有选取范围相对自由的特性。

套索工具组包括三个辅助扩展工具，将光标移动到工具箱中的自由套索工具图标，持续按动鼠标，即出现三种扩展工具：套索工具、多边形套索工具以及磁性套索工具，如图 3-15 所示。

图 3-15　套索工具组

3.2.1　套索选区工具 🔘

套索工具根据鼠标的移动可以随意选择选取领域。

使用方法如下：

（1）单击套索工具，单击鼠标左键选择起始点，在持续按动鼠标的状态下，顺着边界线拖动光标，进行选区选取操作。拖动光标回到起始点时，松开鼠标能自动连接起始点和结束点，形成闭合选区，如图 3-16 所示。

（2）拖动光标未回到起始点而中途松开鼠标也会自动连接，起始点和结束点之间以直线形式连接，形成闭合选区，如图 3-17 所示。

图 3-16　套索工具绘制选区

图 3-17　自动连接选区

提示：使用套索工具过程中，为了更方便地选择图中内容，在持续按动 Alt 键的状态下放开鼠标按钮，即切换到多边形套索工具，以多边形套索工具继续进行选取，单击鼠标增加一个节点，松开 Alt 键，自动形成闭合选区。

案例 3-3 利用套索工具选项栏中的选项增加选区"完成汽车的选取"。

操作步骤：

（1）在没有选完选区的状态下单击套索工具，再按下选项栏中 添加到选区按钮。

（2）鼠标在没有选中的汽车外轮廓拖拉，完成汽车的选取，把没有选完的选区增加上，如图 3-18 所示。

提示：按 Shift 也可以添加到选区。

（a）添加选区前　　　　　　　　　　（b）添加选区后

图 3-18　增加选区

案例 3-4 利用套索工具选项栏中的选项进行选区的删减，"减去水果多余部分选区"。

操作步骤：

（1）单击套索工具，再按下选项栏中 从选区减去按钮。

（2）按住鼠标在将要删减的选区外围绘制闭合选区。选区内多余选区就被删减了，如图 3-19 所示。

（a）减去选区前　　　　　　　　　　（b）减去选区后

图 3-19　选区的删减

提示：按 Alt 键也可以从选区减去。

3.2.2　多边形套索选区工具

单击多边形套索工具，选择起始点单击所选图像的各拐角处形成连接点，进行直线段选取操作，可以绘制不规则形状的多边形区域。

使用方法如下：

（1）起点和终点相会后多边形套索选区工具右下角出现小圆圈，再单击鼠标形成闭合选区。

（2）终点未到达起始点，双击鼠标自动形成闭合选区。

提示：使用多边形套索工具时，在持续按动 Shift 键时，即可向着垂直∣水平以及对角线 45°方向进行选择。

案例 3-5 利用多边形套索工具选取出空调，粘贴到家居图片上，制作成"带空调的房间"。

操作步骤：

（1）在 Photoshop CS3 中打开空调图片，单击多边形套索工具，选择起始点点击空调各拐角处形成连接点，即可简单地完成空调选区操作，如图 3-20 所示。

（2）对选中的空调区域进行图像拷贝，执行"编辑"∣"拷贝"或按 Ctrl+C 组合键即可。

（3）打开一幅家居图片，执行"编辑"∣"粘贴"或 Ctrl+V 组合键，把空调粘贴到在家居图片上，效果如图 3-21 所示。

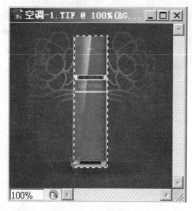 

图 3-20　选区操作　　　　　　　图 3-21　图像效果

3.2.3　磁性套索选区工具

磁性套索工具适合在色调差别较大的图片中使用，特别适用于快速选择与背景对比强烈且边缘复杂的对象。如果背景色和图片色调相互类似时，将光标移动到所需位置，并按动鼠标左键，增加紧固点，用 Delete 键删除偏离边缘的紧固点。

使用方法如下：

（1）使用磁性套索工具，选择起点按住鼠标拖动，边框会贴紧图像边缘自动形成选区。

（2）起点和终点相会后磁性套索工具右下角出现小圆圈，松开鼠标自动形成闭合选区。

（3）终点未到达起点，双击鼠标自动形成闭合选区。

（4）使用磁性套索工具时，通过改变选项栏各选项参数，可以更方便、准确地完成选区选择。选项栏各选项，如图 3-22 所示。

图 3-22　磁性套索工具选项栏

① 宽度：选取对象时检测的边缘宽度，范围 1～40。数值越小越准，操作越困难（允许指针偏离的距离越小）。

② 边对比度：范围 1%～100%，较高的数值适用对比度强烈的边缘；较低的数值适用对比度较低的边缘。

③ 频率：范围 1～100 之间，值越大产生的紧固点越多、选区的速度越快。

3.3　使用魔棒工具创建选区

魔棒工具是颜色选取方式的工具之一。魔棒工具可以选择颜色一致的区域，而不必像磁性套索工具一样跟踪其轮廓。和套索工具组相比较具有选取速度更快捷的特性。魔棒工具选项栏，如图 3-32 所示。

图 3-23　魔棒工具选项栏

魔棒工具选项：

（1）选择模式。

已在 3.1.1 介绍过，分别是新选区、添加到选区、从选区减去和与选区交叉。

（2）容差。

容差是以 0～255 之间的数值来确定选区范围的容差。输入较小值以选择与所点的像素非常相似的颜色，输入较高值以选择更宽泛的色彩范围。

（3）消除锯齿。

下面两个扇形，填充颜色前，左边扇形没有使用消除锯齿，边缘较为生硬，有明显的阶梯状，也叫做锯齿；右边扇形使用了消除锯齿相对要显得光滑一些，如图 3-24 所示。

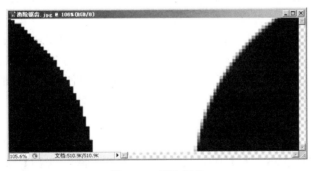

图 3-24　消除锯齿

所谓消除锯齿并不是真正消除，而只是采用了"障眼法"令图像看起来光滑一些。只要图像是点阵的，锯齿就永远存在。矢量图像从结构理论上来说是没有锯齿的。

（4）连续性。

以鼠标所点击的颜色为标准，选择"连续的"相同的颜色只选择相连的区域；否则，当前图像同一种颜色的所有像素都将被选中。

魔棒工具是根据鼠标所点击的那个像素颜色作为标准，结合容差去寻找其他像素，这个寻找的方向就是从这个点开始，四面八方地扩散开去。

提示：

① 打开"连续的"选项，容差范围内相邻的色彩会形成一个闭合的选择区域，会看到图像中一颗红心被选中了，如图 3-25 所示。

② 关闭"连续的"选项，用魔棒工具点选任意一个红心，会看到图像中两颗红心都被选中了，如图 3-26 所示。

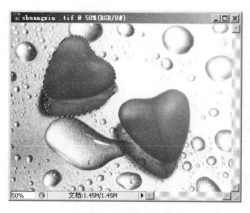

图 3-25　原图　　　　　　　　　　　　图 3-26　选取

（5）对所有图层取样。

若要使用所有可见图层中的数据选择颜色，请选择"用于所有图层"；否则，魔棒工具将只从现有图层中选择颜色。

3.4　使用快速选择工具 ✎ 创建选区

魔棒工具是根据鼠标所点击的那个像素颜色作为标准，结合容差去寻找其他像素。快速选择工具是基于画笔模式，可以"画"出所需的选区。

快速选择工具比魔棒工具更加直观和准确，只要在想选取的区域中涂画，画笔所到之处就会形成选区。快速选择工具是智能的，它会寻找色彩边缘使其与背景分离。

快速选择工具选取离边缘比较远、比较大的区域，就要使用大一些的画笔；如果是选取离边缘比较近、比较小的区域则换成小尺寸的画笔，这样才能避免选取不必要的像素。

提示：

要改变画笔大小，使用选项栏中 ▓▓ 下拉列表中的"直径"来增减画笔大小。可以利用快捷键快速改变画笔的大小，增大画笔点按"右方的括号键"即【]】；减小画笔点按"左方括号键"即【[】。

案例 3-6　利用快速选择工具把荷花快速、精确地从背景中选出来。

操作步骤：

（1）在 Photoshop CS3 中打开一幅荷花图像，如图 3-27 所示。

（2）单击快速选择工具，在荷花上"画"出所需的选区。画笔所到之处自动形成闭合选区，如图 3-28 所示。

图 3-27 荷花图像

图 3-28 绘制选区

（3）单击选项栏中"优化边缘"按钮，在应用选区之前对选区进一步优化。可以控制选区的"半径"、"对比度"、"光滑"、"羽化"、"扩张"的大小和状态，也可以通过一个白色或黑色的背景来观看选区。觉得选区已经优化得不错，单击"确定"按钮，如图 3-29 所示。

（4）执行 Shift+Ctrl+I 组合键进行反选，再按键盘上的 Delete 键除去背景，荷花图像就从背景中选出来了，如图 3-30 所示。

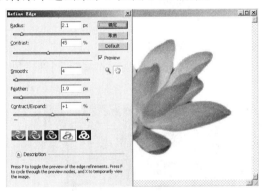

图 3-29 优化边缘

图 3-30 图像效果

3.5 使用菜单命令创建选区

除了上面讲到的创建选区的方法，菜单中还有"全选"、"取消选择"、"重新选择"、"反向"、"色彩范围"命令来创建、取消选区，使创建选区的方式更加全面、多样。

3.5.1 全选

全选就是把当前图层的内容全部选中。

可以单击菜单"选择"|"全部"或使用快捷键 Ctrl+A 进行全选，如图 3-31 所示。

3.5.2 取消选择与重新选择

1. 取消选择

取消选择就是把当前选区全部删除。

图 3-31 "全选"命令

可以单击菜单"选择"|"取消选择" 或使用快捷键 Ctrl+D 取消选择，如图 3-32 所示。

2. 重新选择

重新选择就是恢复上一步选择区域。

可以单击菜单"选择"|"重新选择" 或使用快捷键 Shift+Ctrl+D 重新选择，如图 3-33 所示。

图 3-32 "取消选择"命令

图 3-33 "重新选择"命令

3.5.3 反选

反选就是选中当前选区以外的部分。

可以单击菜单"选择"|"反向"或使用快捷键 Shift+Ctrl+I 进行反选。

案例 3-7 利用反选将全部动物从单色背景中选出，再放到大海的背景里去。

操作步骤：

（1）单击魔棒工具，单击选择全部单色背景部分，如图 3-34 所示。

（2）"选择"|"反向"或按快捷键 Shift+Ctrl+I，人物被选中。执行"编辑"|"拷贝"或按快捷键 Ctrl+C，如图 3-35 所示。

图 3-34 选择单色背景

图 3-35 反向选择

（3）打开一幅海景图片，如图 3-36 所示。

（4）在海景图片上执行"编辑"|"粘贴"或按下快捷键 Ctrl+V，如图 3-37 所示。

图 3-36 海景图片

图 3-37 图像效果

3.5.4 色彩范围创建选区

"色彩范围"命令是用指定的颜色创建选区，应用此命令前确保已取消选择所有内容。单击菜单"选择"|"色彩范围"，打开"色彩范围"对话框。"色彩范围"对话框各选项内容，如图 3-38 所示。

图 3-38 "色彩范围"对话框

（1）"选择"中的"取样颜色"是采用吸管吸取的颜色创建选区。

（2）"颜色容差"选项通过控制相关颜色包含在选区中的程度来部分地选择像素。使用"颜色容差"滑块或输入一个数值来调整颜色范围。若要减小选中的颜色范围，请减小输入值，增大"颜色容差"将扩展选区。

（3）"预览窗口"进行取样颜色的选择。将指针放在图像或预览区上，然后单击，对要包含的颜色进行取样。

（4）"选择范围"用黑白表示选取范围，"图像"原貌预览整个选取图像范围。

（5）调整选区：若要添加颜色，请选择加色吸管工具 并在预览或图像区域中单击；若要减去颜色，请选择减色吸管工具 并在预览或图像区域中单击。

提示：启动加色吸管工具，请按住 Shift 键；启动减色吸管工具，请按住 Alt 键。

（6）若要在图像窗口中预览选区，在"选区预览"中选取以下选项：

① "灰度"按选区在灰度通道中的外观显示选区。

② "黑色杂边"在黑色背景上用彩色显示选区。

③ "白色杂边"在白色背景上用彩色显示选区。

④ "快速蒙版"使用当前的快速蒙版设置显示选区。

3.6 编辑选区

编辑选区是在创建选区的前提下，对已经创建好的选区进行编辑，主要是对选区增减、修改、移动、扩大、变换、羽化，最终达到理想的选取区域。

3.6.1　增减选区

（1）通过使用选区的工具属性栏按钮来增减选区，在 3.1.3 介绍选取工具时已经介绍了。

（2）使用快捷键来增减选区。

① 按住快捷键 Shift 切换到"添加到选区"。

② 按住快捷键 Alt 切换到"从选区中减去"。

③ 按住快捷键 Alt+Shift 切换到"与选区交叉"。

3.6.2　移动与修改选区

1．移动选区

使用方法如下：

（1）在移动选区前须把当前使用的工具切换到"选取类工具"，如选框工具、魔术棒工具、套索工具。

（2）使用鼠标移动选区，将鼠标移到选区之内，当指针变为 时按下鼠标进行移动。

（3）或使用键盘移动选区，直接使用键盘上的方向键（上、下、左、右），每按动一下移动 1 个像素。

提示：Shift 键配合四个方向键，每次移动 10 个像素。

2．修改选区

单击菜单"选择"|"修改"命令，会弹出下拉子菜单：边界、平滑、扩展、收缩和 Feather（羽化），如图 3-39 所示。

图 3-39　"修改"菜单

（1）边界：在当前存在选区的状态下，执行"选择修改边界"命令，打开"边界选区"对话框，设置相应参数值，单击"确定"按钮，如图 3-40 所示，此时的选区变为带边框状态，如图 3-41 所示。

图 3-40　"边界选区"对话框　　　　　　　　　图 3-41　图像效果

（2）平滑：在当前存在选区的状态下，执行"选择修改平滑"命令，打开"平滑选区"对话框，设置相应参数值，单击"确定"按钮，如图 3-42 所示，此时的选区变为平滑状态，如图 3-43 所示。

　　　　（a）平滑前　　　　（b）平滑后

图 3-42 "平滑选区"对话框　　　　　　　　图 3-43 图像前后效果

（3）扩展：在当前存在选区的状态下，执行"选择修改扩展"命令，打开"扩展选区"对话框，设置相应参数值，单击"确定"按钮，此时的选区如图 3-44 所示。

　　　（a）扩展前　　　　　　　　　　　（b）扩展后

图 3-44 图像前后效果

（4）收缩：在当前存在选区的状态下，执行"选择修改收缩"命令，打开"收缩选区"对话框，设置相应参数值，单击"确定"按钮，此时的选区如图 3-45 所示。

　　　（a）收缩前　　　　　　　　　　　（b）收缩后

图 3-45 图像前后效果

（5）Feather（羽化）：在 3.6.5 节单独介绍。

3.6.3 扩大选取与选取相似

1. 扩大选取

扩大选取中扩大的范围是与原选区相连并颜色相近的区域。

使用方法：先作一个选区，再执行"选择扩大选取"，可以执行多次，如图 3-46 所示。

　　　（a）扩大选取前　　　　　　　　　　　　　（b）扩大选取后

图 3-46　图像前后效果

2．选取相似

选取相似的作用也是扩大选区，扩大的范围是整个画面中与原选区颜色相近的区域，颜色相近但不要求相邻。

使用方法：先作一个选区如图 3-47 所示，再执行"选择|选取相似"，可以执行多次。

　　　（a）选取相似前　　　　　　　　　　　　　（b）选取相似后

图 3-47　图像前后效果

3.6.4　变换选区

针对选取范围还可以进行任意的旋转、缩放、斜切等自由变换。

使用方法如下：

（1）选择或载入选区，然后"选择"|"变换选区"。

（2）"变换选区"命令可以对选区进行移动、旋转、缩放和斜切操作。既可以直接用鼠标进行操作，也可以通过变换选项输入数值进行控制，如图 3-48 所示。

图 3-48 变换选项

X、Y、W、H 各选项意义如下：

① X：中心点水平坐标值。

② Y：中心点垂直坐标值。

③ W：宽度百分比。

④ H：高度百分比。

（3）取消变换按 Esc 键或者按  取消变换。

（4）变换完成后按回车键 Enter 确认或者按 ✔ 确认。

3.6.5　羽化选区

羽化就是模糊选区的边缘，羽化值越大，边缘就越模糊，使选择边缘有一个由浅入深的过渡效果。

使用方法如下：

选择或载入选区，单击菜单"选择"|"羽化"命令，弹出"羽化选区"对话框，在对话框输入"羽化半径参数"即可。

提示：羽化半径参数数值越大，羽化效果越明显。

案例 3-8　利用羽化命令使小朋友图片边缘模糊，与枫叶图片合并有一个由浅入深的过渡效果。

操作步骤：

（1）先打开一张"小朋友"素材图片，再打开"秋日" 素材图片，将"小朋友"素材图片用移动工具拖拽到"秋日"素材图片上。将"小朋友"图片缩放到适度大小，放到相应位置，如图 3-49 所示。

（2）然后在"小朋友"图片上创建一个矩形选区。单击菜单"选择"|"羽化"命令，弹出"羽化选区"对话框，在对话框中输入"羽化半径"。数值越大羽化效果越明显，如图 3-50 所示。

图 3-49　"小朋友"素材图片

图 3-50　羽化选区

（3）单击菜单"选择反选"或者快捷键 Ctrl+Shift+I 反选选区，如图 3-51 所示。再按 Delete 键，删除当前选中图像，如图 3-52 所示。

图 3-51　反选选区

图 3-52　图像效果

3.7　存储选区与载入选区

1．存储选区

存储选区可以把已经创建好的选区存储起来，方便以后再次使用。

　　使用方法：创建选区后，单击菜单"选择存储选区"，会打开"存储选区"对话框，如图 3-53 所示，进行命名设置，单击"确定"按钮即可。

　　提示：

　　（1）创建选区后，也可以单击右键（限于选取工具）出现"存储选区"命令。

　　（2）在"存储选区"对话框中，"名称"可以输入文字作为这个选区的名称，如果不命名，Photoshop CS3 会自动以 Alpha1、Alpha2、Alpha3 这样的文字来命名。

　　2．载入选区

　　载入选区可以把已存储好的选区载入进来，再次使用，如图 3-54 所示。

　　使用方法：单击菜单"选择载入选区"，会出现"载入选区"对话框，单击"通道"选项，在弹出的下拉调板中选择以前的存储选区名称，单击"确定"按钮即可。

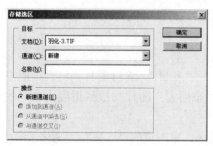

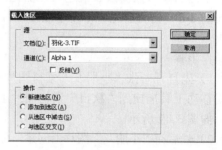

图 3-53　"存储选区"对话框　　　　　　　　图 3-54　"载入选区"对话框

　　提示：

　　（1）当前窗口无选区：在"通道"中选择存储的选区名称，将存储的选区原样载入。

　　（2）当前窗口已存在选区：在"通道"中选择存储的选区名称，并在"操作"处选择载入的选区与原选区的"关系"。

本章小结

　　本章学习了创建选区工具的使用方法，包括移动工具、套索、多边形套索、磁性套索工具、矩形选框、魔术棒工具、快速选择工具以及颜色选区命令；与选区相关的命令如扩大选区、选择相似、缩小选择、羽化、平滑、收缩以及正确使用容差和消除锯齿等选项；对图片的修改和创作是建立在选择和定义选区上的，只有熟练掌握选区工具，才能提高图像处理的效率，为将来使用 Photoshop CS3 奠定坚实的基础。

习题与应用实例

一、习题

　　1．填空题

　　（1）选取矩形区域，按住_____键在图像中拖动鼠标将选出一个正方形选区，按住_____键将以起点为中心创建一个选区。

（2）对当前创建好的选区删除时，需按_____键。

（3）要将选取范围进行反选，可以单击"选择"菜单中的"反向"命令，或者按_____。

（4）在对选区进行变换时，按住_____键可以向内、外等比例缩放选区。

（5）使用多边形套索工具时，在持续按动_____键时，即可向着垂直水平以及对角线45°方向进行选择。

2．选择题

（1）关于单行选框，下列说法正确的是（　　）。

A．使用该工具可以创建高度只有"0.5"个像素的选框

B．使用该工具可以创建高度只有"0.1"个像素的选框

C．使用该工具可以创建高度只有"2"个像素的选框

D．使用该工具可以创建高度只有"1"个像素的选框

（2）羽化命令用于柔化选区边缘。羽化值越大，边缘就越柔和。羽化半径像素值最小值为（　　），最大值为（　　）。

A．0，2250　　　　B．0，2200　　　　C．0，1250　　　　D．0，2250

（3）在选取状态下，按住（　　）键可以增加选区，按住（　　）键可以删减选区。

A．Shift　Alt　　　　　　　　B．Ctrl　Alt

C．Shift　Ctrl　　　　　　　 D．Alt　Ctrl

（4）使用（　　）工具可以选择连续的相似颜色的区域。

A．矩形选框工具　　　　　　　B．椭圆选框工具

C．魔棒工具　　　　　　　　　D．磁性套索工具

（5）这些选取模式表述不正确的是（　　）。

A．■新选区　　　　　　　　　B．■重叠选区

C．■从选区减去　　　　　　　D．■与选区交叉

二、应用实例

1．"自制 CD 封面"。

本实例主要用到椭圆选框工具建立 CD 外形，利用"编辑描边"、"滤镜艺术效果塑料包装"命令模拟 CD 真实效果，效果如图 3-55 所示。

（a）原图

（b）效果图

图 3-55　效果对照

操作步骤：

（1）以荷花图为例，打开图片，如图 3-56 所示。

（2）双击"背景层"将其转换为"图层"形式，默认为"图层 0"，如图 3-57 所示。

　　　　图 3-56　荷花图　　　　　　　　　　　图 3-57　转换图层

（3）点击工具栏，选择椭圆选框工具，按住 Shift 键，画一个正圆，然后选择菜单"选择"|"反选"或者按快捷键 Shift+Ctrl+I，接着按 Delete 键把多余的部分删除，如图 3-58 所示。

（4）再新建一个图层，命名为"图层 1"，填充为黑色，把图层 1 拖到图层 0 的下面，这就是为什么第一步把背景层转换为"图层"的原因，如图 3-59 所示。

 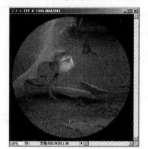

　　　　图 3-58　图像处理　　　　　　　　　　图 3-59　图像处理

（5）选择菜单"选择"|"载入选区"，在载入选区对话框中点击保持默认，点击"确定"按钮。

（6）再新建一个"图层 2"，选择"编辑"|"描边"，会弹现一个对话框，按照图片设置参数，点击"确定"按钮，接着取消选择，如图 3-60 所示。

（7）回到菜单栏中，选中"滤镜"|"艺术效果"|"塑料包装"会出现一个预览对话框，将其调整到一定的效果，点击"确定"按钮，如图 3-61 所示。

 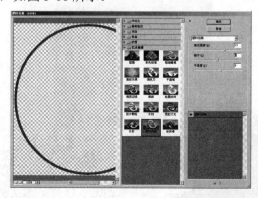

　　　　图 3-60　"描边"对话框　　　　　　　图 3-61　"塑料包装"效果

（8）会看到这个圆的外环好像加了个圆圈，这就是"塑料包装"的作用。回到原图片所在的图层（图层0），在中间画一个圆圈，接着，按 Delete 键，删除圈中图像，如图 3-62 所示。

（9）新建一个"图层3"，用椭圆工具再画一个比中心圆（就是刚才清除的）稍微大点的圆，重新做一次开始的"描边"步骤。点击"编辑菜单"的下拉菜单"描边"，出现一个对话框，可以参照图 3-60，只不过这一次把描边颜色改为白色，位置由原来的"居外"改成"居内"，点击"确定"按钮。把图层的模式调改为"柔光"，如图 3-63 所示。

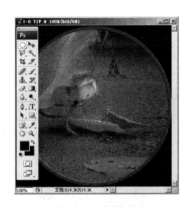

图 3-62 图像效果

图 3-63 图层模式

（10）用工具栏里面的"魔棒工具"点击中心的黑色部分，如图 3-64 所示。

（11）选中后，新建"图层4"将所选区域填充为白色，在图层4中，然后以中心点为准，将白色部分画一个圆，然后按 Delete 键，下面是这一步操作完成的图片，如图 3-65 所示。

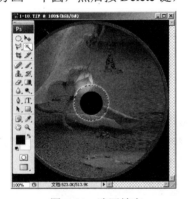

图 3-64 选区填充

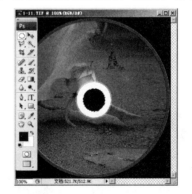

图 3-65 图像效果

（12）新建"图层5"，再做一次描边操作："编辑"|"描边"，对话框设置颜色为黑色，位置居中，如图 3-66 所示。

（13）接着，到"滤镜"菜单，再一次执行"塑料包装效果"。图片中间的白色与黑色部分也出现像 CD 外围一样的环。

（14）最后写上文字"荷塘月色"。为了突出 CD，底色改为白色，一张优美的 CD 就呈现在面前了，如图 3-67 所示。

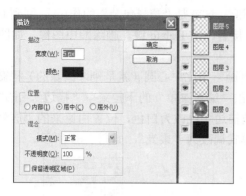

图 3-66　"描边"命令　　　　　　　　　　图 3-67　最后效果图

2."明月当空"。

本实例通过制作发光的月亮，主要使用"选择修改收缩"、"选择修改羽化"，强调羽化的功能和作用，再现真实月亮发光效果，效果如图 3-68 所示。

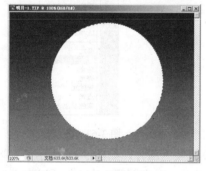

（a）原图　　　　　　　　　　　　　　（b）效果图

图 3-68　效果对照

操作步骤：

（1）建一个蓝色渐变背景层，填充成夜色（天空深蓝，地面浅蓝）。

（2）选择椭圆工具，绘一个正圆，填充白色，图 3-69 所示。

（3）选择菜单"修改"|"收缩"命令（参数 20，用于制作月光，光晕太小可提高参数），如图 3-70 所示。

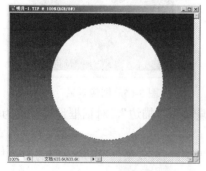

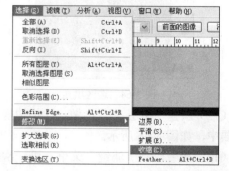

图 3-69　绘制圆　　　　　　　　　　　图 3-70　修改选区

（4）反选 Ctrl+Shift+I 组合键，如图 3-71 所示。

（5）选择菜单"修改"|"羽化"（参数 30）。再执行 Delete 命令，如图 3-72 所示。

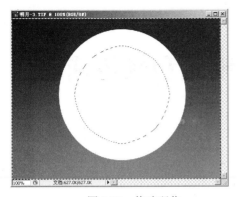
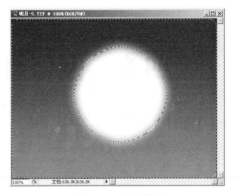

图 3-71 修改羽化 　　　　　　　 图 3-72 图像效果

（6）添加图层样式：图层叠加（绸光图案，其他默认），如图 3-73 所示。

（7）按 Ctrl+T 组合键缩小月亮，放在天空位置，导入风景图片，如图 3-74 所示：

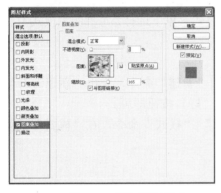

图 3-73 添加图层样式 　　　　　　 图 3-74 图像效果

（8）风景图片天空处，全部框选，选择菜单"修改"|"羽化"（参数 30），Delete（风景融合到夜色中）调整透明度，使风景融和夜色更加融合，如图 3-75 所示。

（9）写上文字，用画笔工具点上星星（前景色为白色），如图 3-76 所示。

图 3-75 调整透明度 　　　　　　　 图 3-76 效果图

第四章　图像颜色模式和颜色选取

【学习要点】
● 颜色模式与转换
● 选取绘图颜色的方法

　　Photoshop CS3 提供了多种色彩模式，每一幅图像在绘制时都必须基于一定的颜色模式，这些色彩模式是设计作品能否在屏幕和印刷品上正确表现的重要保障。常用的色彩模式有 RGB 模式、CMYK 模式、Lab 模式、HSB 模式、灰度模式等，还包括为特殊颜色输出的模式，如索引颜色和双色调模式。这些模式都可以在模式菜单下选择，每种颜色模式都有不同的色域，并且可以相互转换。

　　在 Photoshop 中定义模式的方法有如下两种：

　　第一种：在新建文件夹时定义。执行"文件"|"新建"命令，弹出"新建"对话框。在对话框"模式"选项里选择要定义的模式，单击"好"按钮即可。

　　第二种：在"模式"菜单中定义。选择"图像"|"模式"命令，在"模式"子菜单中就有多种模式可供选择。

4.1　颜色模式与转换

4.1.1　彩色图像模式

1. RGB 模式

　　RGB 是基于自然界中光线的颜色模型产生的，R 代表红色，G 代表绿色，B 代表蓝色，三种色彩叠加形成了其他色彩，即颜色可由红色、绿色和蓝色三种原色混合产生。

　　可对红、绿、蓝各值进行调配组合来产生新的像素颜色，每一种取值范围：0~255，即按 256×256×256 计算，用户使用 RGB 颜色模式可得到 16777216 种，就是计算机术语中的"真彩色"，如图 4-1 所示。

　　提示：

　　RGB 模式一般不用于打印，因为它的有些色彩已经超出了打印范围，在打印一幅真彩色的图像时，就会损失一部分颜色和亮度，所以在打印时，应将 RGB 模式转换为 CMYK 模式。

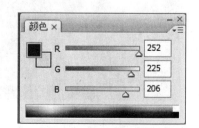

图 4-1　RGB 模式

　　RGB 是最常用的颜色模式，RGB 比 CMYK 图像文件要小得多。在 RGB 模式下，可以使用 Photoshop 所有命令和滤镜。

2．CMYK 模式

CMYK 模式即运用 Cyan（青色）、Magenta（洋红）、Yellow（黄色）和 Black（黑色）四种原色，CMYK 模式在印刷时应用了色彩学中的减法混合。原理即减色色彩模式，它是图片、插图和其他 Photoshop 作品中最常用的一种印刷方式，如图 4-2 所示。

提示：CMYK 是一种印刷的模式，在处理图像时，一般不采用 CMYK 模式，因为这种模式文件大，会占用更多的空间，且很多滤镜不能使用。通常在处理图像时使用 RGB 模式，在印刷输出时再转换成 CMYK 模式。

3．Lab 模式

这是 Photoshop 在不同色彩模式之间转换时使用的内部色彩模式。

计算机将 RGB 模式转换成 CMKY 模式时，实际上是将 RGB 模式转换成 Lab 色彩模式，然后再将 Lab 色彩模式转换成 CMKY 模式。所以在编辑图像时，如果直接选择了这种模式，既可以减少转换过程中的色彩损失，其操作速度又可以与在 RGB 模式下一样快。是目前所有模式中包含色彩范围（色域）最广的颜色模式，如图 4-3 所示。

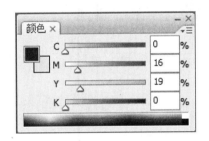　　　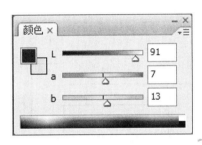

　　图 4-2　CMYK 模式　　　　　　　图 4-3　Lab 模式

提示：

Lab 模式是一种具有"独立于设备"的色彩，不论在任何显示器或者打印机上使用，Lab 的颜色不变。

4．HSB 模式

是基于人眼对颜色的感觉，所有的颜色都是通过色相、饱和度、亮度来描述的。

色相的意思是纯色，即组成可见光谱的单色。红色为 0 度，绿色为 120 度，蓝色为 240 度。饱和度代表色彩的纯度，饱和度为 0 时即为灰色。亮度是色彩的明亮程度，黑色的亮度为 0，如图 4-4 所示。

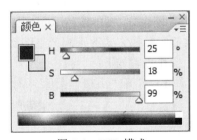

图 4-4　HSB 模式

4.1.2　灰度图像模式

1．灰度模式

是一种有 256 种灰度值的颜色模式。如果一幅图像使用灰度模式，则它的每个像素都是一个 0（黑色）～255（白色）之间的亮度值。在此模式中可以将彩色图像转换成高质量的黑白图像。将彩色模式转换为后面介绍的双色调模式或位图模式时，必须先转换为灰度模式，然后由灰度模式转换为双色调模式或位图模式，如图 4-5 所示。

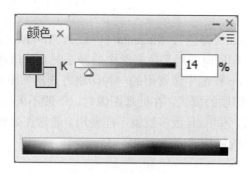

图 4-5 灰度模式

2．位图模式

位图模式为黑白模式图像。黑白位图模式是由黑白两种像素组成的图像，它通过组合大小不同的点，产生一定的灰度级阴影。使用位图模式可以更好地设定网点的大小、形状和角度，更完善地控制灰度图像的打印，如图 4-6 所示。

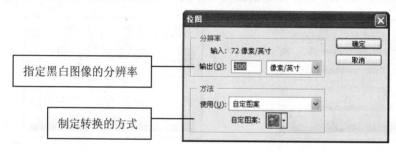

指定黑白图像的分辨率

制定转换的方式

图 4-6 位图模式

提示：

只有灰度图像和多通道图像才能被转换成位图模式。

案例 4-1 将图像从 RGB 模式转换为灰度模式，再将灰度模式图像转换成位图模式，观察制定转换方式的不同产生的不同效果。

操作步骤如下：

（1）打开"山楂"图像，该图像色彩模式为 RGB 模式，如图 4-7 所示。

图 4-7 "山楂"图像

（2）选择"图像"｜"模式"｜"灰度"命令，如图 4-8 所示。在弹出的确认扔掉颜色信息面板中，单击"扔掉"按钮，将当前图像由 RGB 模式转换为灰度模式，如图 4-9 所示。

图 4-8　转换为灰度模式　　　　　　　　　　图 4-9　图像效果

（3）选择"图像"|"模式"|"位图"命令，在打开的"位图"对话框中进行设置，如图 4-10 所示。

图 4-10　转换为位图模式

提示：

（1）50%阈值：图像模式转换过程中，大于 50%灰度的像素被转换为黑色，小于 50%灰度的像素被转换为白色。产生对比强烈的黑白效果，如图 4-11（a）所示。

（2）图案仿色：使用黑白像素随机抖动图像，如图 4-11（b）所示。

（3）扩散仿色：产生颗粒状单色的版画效果，如图 4-11（c）所示。

（4）半调网屏：能使图像产生一种半色调网屏印刷的效果。在弹出的半调网屏对话框中，可以设置半调网屏的频率、角度、形状、图案信息等，如图 4-11（d）所示。

（5）自定图案：可以设置不同的图案样式，图像会产生不同的效果变化，如图 4-11（e）所示。

（6）单击"确定"按钮，查看图像效果。

3．双色调模式

双色调常用于增加灰度图像的色调范围。

一般情况下，可用黑色油墨和灰色油墨打印双色调图像，黑色油墨用于暗调区域，灰色油墨用于中间调和高光区域。

提示：在双色调模式中颜色只是用来表示"色调"，彩色油墨只是用来创建灰度级，不是创建彩色的。

（a）位图 50%阈值效果　　　　　　　　　　　（b）位图图案仿色效果

（c）位图扩散仿色效果　　　　　　　　　　　（d）　位图半调网屏效果

（e）位图自定图案效果

图 4-11　　各选项效果

4.1.3　索引颜色模式

　　索引模式下，只能存储一个 8 位色彩深度的文件，即图像中最多 256 种颜色。索引颜色模式对于操作多媒体或网页十分实用，因为这种模式的图像比 RGB 模式的图像小得多，只有 RGB 模式的 1/3，可以大大减小图像文件。它一般用于多媒体动画和网络主页上的图像。

　　当一个图像转换成索引颜色模式后，就会激活"图像"|"模式"|"颜色表"命令，以便编辑图像的"颜色表"。

案例 **4-2** 打开一幅灰度模式的图像，进行编辑处理并转换为索引模式，作出火焰的特殊效果。

操作步骤：

（1）打开素材"火花"图像，该图像色彩模式为灰度模式，如图 4-12 所示。

（2）选择"图像"|"旋转画布"|"90 度（逆时针）"命令，如图 4-13 所示，图像逆时针旋转 90 度，如图 4-14 所示。

（3）选择"滤镜"|"风格化"|"风"命令，在弹出的"风"对话框中设置参数，如图 4-15 所示。单击"确定"按钮，然后按下 Ctrl+F 键重复执行几次风的效果，效果如图 4-16 所示。

图 4-12 "火花"图像

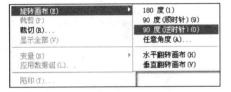

图 4-13 旋转 90°

图 4-14 图像效果

图 4-15 "风"命令

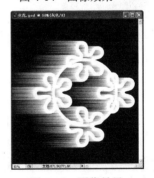

图 4-16 图像效果

（4）选择"图像"|"旋转画布"|"90 度（顺时针）"命令，如图 4-17 所示。将图像顺时针旋转 90 度，如图 4-18 所示。

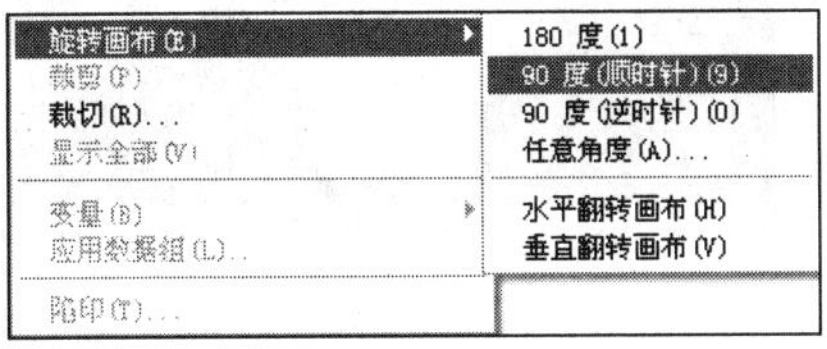

图 4-17 "90 度（顺时针）"命令

图 4-18 图像效果

（5）选择"滤镜"|"风格化"|"扩散"命令，参数设置如图 4-19 所示，效果如图 4-20 所示。

图 4-19　"扩散"命令　　　　　　　　　　　图 4-20　图像效果

（6）为了使火焰更加柔和，选择"滤镜"|"高斯模糊"命令，打开"高斯模糊"对话框，如图 4-21 所示，参数中模糊半径设置为 2 像素，效果如图 4-22 所示。

图 4-21　"高斯模糊"命令　　　　　　　　　　图 4-22　图像效果

（7）选择"滤镜"|"扭曲"|"波纹"命令，打开"波纹"对话框，参数设置如图 4-23 所示，画面效果如图 4-24 所示。

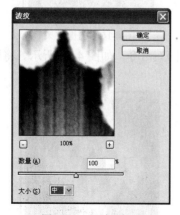

图 4-23　"波纹"命令　　　　　　　　　　　图 4-24　图像效果

（8）选择"图像"|"模式"|"索引颜色"命令，将灰度图像转换为索引颜色。

（9）选择"图像"|"模式"|"颜色表"命令，在弹出的"颜色表"对话框中，将"颜色表"下拉列表框中设置为"黑体"，参数设置如图 4-25 所示。画面最后效果如图 4-26 所示。

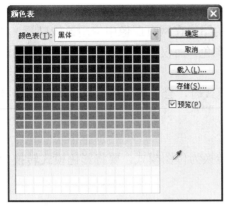

图 4-25　"颜色表"对话框　　　　　　　　　图 4-26　图像效果

4.1.4　多通道模式

每一通道具有 256 种灰度级别，这种模式对有特殊打印要求的图像非常有用。当 RGB 或 CMYK 色彩模式的图像中任何一个通道被删除时，立即会变成多通道色彩模式。

例如，将 CMYK 模式图像转换为多通道模式，可创建青色、洋红色、黄色和黑色 4 个专色通道。

4.1.5　颜色模式的转换

在 Photoshop 中进行图像处理或输入输出时，有时候需要将图像转换颜色模式。转换方法如下：

打开要转换的图像，选择"图像"|"模式"命令，在弹出的子菜单中选择一种色彩模式即可。

1．颜色模式之间的转换

在 RGB、CMYK 和 Lab 这 3 种颜色模式中，RGB 是计算机屏幕显示所用的色彩模式，CMYK 是彩色印刷所使用的色彩模式，而 Lab 模式的色域最宽，包括 RGB 和 CMYK 色域中的所有颜色。所以在使用 Lab 模式转换时不会造成颜色丢失。

因而在 Photoshop 中把图像从 RGB 模式转换为 CMYK 模式时，可以先转换为 Lab 模式，然后再转换为 CMYK 模式。可以避免直接将 RGB 模式转换为 CMYK 模式时所造成的色彩损失。

注意：

当一幅图像在 RGB 和 CMYK 模式间多次转换后，会产生很大的数据损失，因此要尽量减少转换次数。

2．彩色模式转换为灰度模式

将彩色模式转换为灰度模式后，Photoshop 会丢掉原彩色模式下的所有颜色信息，只保留像素的灰度级。

注意：当彩色模式图像转换为灰度模式后，再转换为彩色模式，将丢失信息而不能显示为原来图像的效果。

3．转换为索引颜色模式

索引颜色模式是一种特殊的模式。这种模式的图像在网页图像中应用比较广泛。将其他模式转换为索引颜色模式时，会删除图像中许多颜色，而仅保留 256 色，即多媒体动画应用程序和网页所支持的标准颜色。

注意：Photoshop 在把彩色模式转换到索引模式时，会丢失颜色信息。另外，转换到索引模式后，Photoshop 的滤镜等功能将失效。

4．转换为位图模式

在 Photoshop 中，只有灰度模式的图像才能转换为位图模式，要将彩色模式转换为位图模式时，必须先转换成灰度模式。

4.2　选取绘图颜色

4.2.1　前景色和背景色的设置

在 Photoshop 中选取颜色进行填充之前，都必须设置好图像的前景色和背景色。

"前景色"用来显示和选取当前绘图工具所使用的颜色。"背景色"显示和选取图像的底色，如图 4-27 所示。

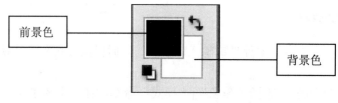

图 4-27　颜色工具

切换前景色与背景色：

在 ↰ 图标上单击或按下 X 键。

默认前景与背景色：

单击 ▣ 图标或按下 D 键，将恢复前景色和背景色为初始的默认颜色。前景色为 100%的黑色，背景色为 100%的白色。

4.2.2　使用颜色选择器设置

1．颜色选择器

单击"工具箱"中的前景色、背景色或"颜色"面板中的前景色、背景色图标，打开"颜色选择器"对话框。在这个对话框中，不仅可以选择基于 HSB、RGB、Lab 和 CMYK 模式的颜色，还可以自定义颜色，如图 4-28 所示。

"颜色选择器"对话框包括以下选项：

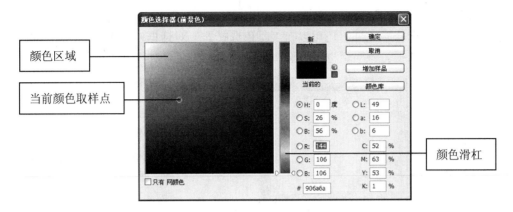

图 4-28　颜色选择器

2. 使用滑杠和色域选择颜色

使用方法如下：

（1）使用鼠标拖动颜色滑杠，颜色域将发生变化。

（2）当要选择的颜色出现在颜色域中时，用鼠标单击该颜色，这时在对话框中右边显示当前色，并显示出所选颜色的 HSB、RGB、Lab 和 CMYK 值，如图 4-29 所示。

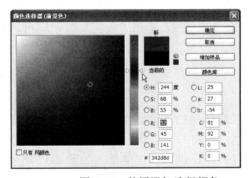

图 4-29　使用滑杠选择颜色

（3）在"拾色器"对话框中通过输入数值方式确定颜色，如图 4-30 所示。

图 4-30　使用色域选择颜色

提示：

编辑在 Web 上发行的图片时，请选中"只有网颜色"复选框，这时颜色选择器中仅仅出现 Web 图片（也就是 GIF 格式图片）支持的 256 色。

3. 使用颜色库选择专色

除了上述途径来选择颜色外，还可以在"颜色选择器"对话框中单击"颜色库"按钮，弹出"自定颜色"对话框。该对话框可以选择各种预定的颜色，如图 4-31 所示。

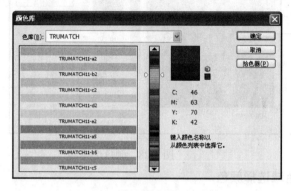

图 4-31   "自定颜色"对话框

"颜色库"对话框中的"色库"选项里包含的是经常会使用到的印刷颜色体系。在下拉列表中共有 ANPA、DIC、FOCOLTONE 等 27 种颜色库，这些颜色库都是全球范围不同公司制定的色样标准。

在"颜色库"对话框中，右侧上方的颜色框显示出所选颜色，下方显示出所选颜色的 CMYK 或 Lab 数值。选择所需颜色后，单击"确定"按钮即可。如果单击"拾色器"按钮，可返回到"拾色器"对话框。

4.2.3   使用颜色调板

使用颜色调板同样可以选择颜色。选择"菜单"命令"窗口"|"颜色"或按下 F6 键，打开该控制调板。单击颜色调板中的"前景色背景色"图标，可以打开拾色器对话框；单击调板右上角按钮，可以打开一个色彩模式菜单，如图 4-32 所示。

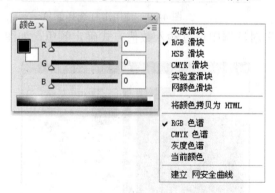

图 4-32   色彩模式菜单

使用方法有如下：

（1）单击颜色调板中的"前景色背景色"图标，确定选择颜色。

（2）用鼠标拖动色彩滑块。在颜色条中选择颜色时，如果直接单击鼠标左键，可以选择前景色；如果按下 Alt 键的同时单击鼠标左键，可以选择背景色。

（3）直接在数值框中输入数字，其数值范围与拾色器中的一样。

4.2.4 使用色板调板

使用"色板"面板，用于快速选择前景色和背景色，如图 4-33 所示。该面板中的颜色都是预设的。单击调板中的色样，可以设置成前景色；按下 Ctrl 键的同时单击色样，可以设置成背景色。

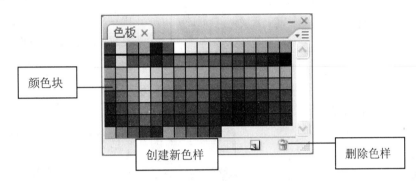

图 4-33 使用色板调板

1. 在"色板"中的操作

添加新色样的方法如下：

（1）设置好前景色，单击创建按钮![]即可将新色样添加到色板中。

（2）设置好前景色，将鼠标指针移动到色板中色样的空白处，当变成![]形状时，单击即可添加，如图 4-34（a）所示。

2. 删除色样的方法如下

（1）拖动色样到删除按钮![]后释放鼠标可以删除该色样。

（2）按住 Alt 键不放，光标变成剪刀状，在色板中单击需要删除的色样就可以删除该色样，如图 4-34（b）所示。

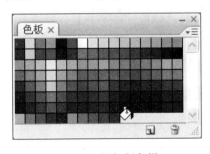 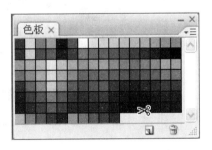

（a）添加新色样　　　　　　　　　　（b）删除色样

图 4-34 添加与删除色样

案例 4-3 将"香蕉"图像中的灰色条形背景调整成五种颜色，颜色从颜色调板中选择，并将这五种颜色添加到色板中。

操作步骤：

（1）打开"香蕉"图像，如图 4-35 所示。打开"颜色"调板，并使用鼠标左键拖动色彩滑块，在颜色条中选择颜色，确定选择颜色，如图 4-36 所示。单击色板中的创建按钮![]即可将新色样添加到色板中，如图 4-37 所示。

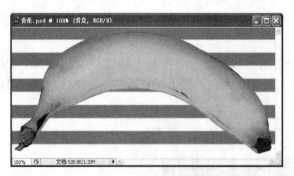

图 4-35　"香蕉"图像　　　　　　　　　　　图 4-36　选择颜色

（2）单击工具箱中的油漆桶工具 ，然后在"香蕉"图像中的一个灰色条上单击，使用前景色填充，如图 4-38 所示。

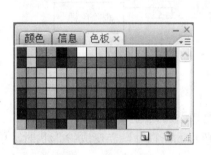

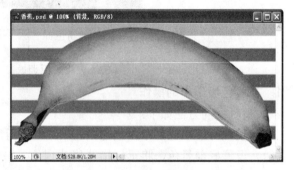

图 4-37　添加到色板　　　　　　　　　　　图 4-38　填充前景色

（3）按照上述操作，将其他灰色条形填充成为五种颜色，并将色样添加到色板中，效果如图 4-39 所示。

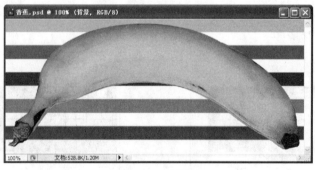

图 4-39　效果图

4.2.5　使用颜色取样器

"颜色取样器"工具 只能用于获取颜色信息，而不能选取颜色。

用法如下：

（1）在工具箱中选择"颜色取样"工具 ，在图像中单击，该处出现 标记，信息调板内会显示该点的颜色、位置以及其他信息。拖动采样点，改变采样点的位置，信息调板内的颜色信息也会随之变化。

（2）再次单击即可确定第 2 个、第 3 个采样点，如图 4-40 所示。

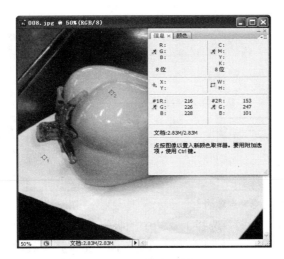

图 4-40 信息调板

删除取样点：单击颜色取样器工具属性栏中的清除按钮即可，如图 4-41 所示。

图 4-41 颜色取样器工具属性栏

提示：

用颜色取样器定点取样时，取样点不得超过 4 个。

按 Alt 键单击取样点或将取样点拖出图像窗口，可以删除取样点。

4.2.6 使用吸管工具

在处理图像时，经常需要从图像中获取颜色，"吸管"工具 就可以在图像区域中进行颜色采样，并用采样颜色重新定义前景色或背景色。

"吸管"工具 的使用方法如下：

（1）在图像上某一点单击，即可选择该点的颜色作为前景色。

（2）按住 Alt 键的同时拾取颜色，可将其设定为背景色。

在吸管工具属性栏中，"取样大小"选项用于设定取样点的大小，如图 4-42 所示。

各选项意义如下：

（1）取样点：用于定义一个像素点为取样范围。

（2）3×3 平均：用于定义以 3×3 的像素区域为取样范围。

（3）5×5 平均：用于定义以 5×5 的像素区域为取样范围。

提示：

为了方便取色，在使用工具箱中的画笔工具 时，按住 Alt 键，能将正在使用的工具转换成吸管工具 。

案例 4-4 通过使用吸管工具获取颜色的方式，将"矢量玫瑰"图像的叶子由绿色调调整为蓝色调。

操作步骤：

（1）打开"矢量玫瑰"图像进行分析，"矢量玫瑰"叶片的绿色具有不同明度和饱和度的特点，如图 4-43 所示。

图 4-42　"取样大小"选项　　　　　图 4-43　"矢量玫瑰"图像

（2）打开"白玫瑰"图像，选择工具箱中的吸管工具 ![吸管]，在图像中的深蓝色单击取样，如图 4-44 所示。这时前景色变为刚才采样的颜色，单击选择工具箱中的油漆桶工具 ![油漆桶]，在"矢量玫瑰"图像中的暗绿色中单击，使用前景色填充，效果如图 4-45 所示。

图 4-44　取样　　　　　　　　　　　图 4-45　使用前景色填充

（3）按照上述操作，使用吸管工具获取不同明度、饱和度的蓝色，将"矢量玫瑰"图像的叶子调整为蓝色调，最终效果如图 4-46 所示。

图 4-46　最终效果图

本章小结

本章首先介绍了图像颜色的各种模式及其转换方式。设计中经常可以用到的色彩模式主要有 CMYK 模式、RGB 模式、Lab 模式等；其次介绍了选取绘图颜色的多种方法，如使用颜色拾色器设置前景色和背景色，使用颜色、色板调板吸取颜色等。

习题与应用实例

一、习题

1．填空题

（1）Photoshop 常用的颜色模式有____、____、____、____、____等。

（2）通常在处理图像时使用____模式，在印刷输出时再转换成____模式。

（3）____模式是一种具有"独立于设备"的色彩，不论在任何显示器或者打印机上使用颜色不变。

（4）将彩色模式转换为双色调模式或位图模式时，必须先转换为____模式。

（5）只有____图像和____图像才能被转换成位图模式。

2．选择题

（1）图像的色彩模式具有不同的用途。一般来说，（　　　）模式用于屏幕显示，（　　　）模式用于打印输出，（　　　）模式是与设备无关的模式。

A．Lab　　　　　　B．RGB　　　　　　C．HSB　　　　　　D．CMYK

（2）用颜色取样器定点取样时，取样点不得超过（　　　）个。

A．1　　　　　　　B．3　　　　　　　C．4　　　　　　　D．前者都不对

（3）以下说法错误的是（　　　）。

A．吸管工具✐按住 Alt 键的同时拾取颜色，可将其设定为背景色

B．颜色取样器工具✐不但能用于获取颜色信息，而且能选取颜色

C．按下 F6 键，可以打开颜色控制调板

D．在 Photoshop 中，只有灰度模式的图像才能转换为位图模式

（4）（　　　）模式是 Photoshop 在不同色彩模式之间转换时使用的内部色彩模式。

A．Lab　　　　　　B．RGB　　　　　　C．HSB　　　　　　D．CMYK

（5）将彩色模式转换为灰度模式后，Photoshop 中（　　　）会丢掉原彩色模式下的所有颜色信息，只保留像素的灰度级。

A．索引　　　　　　B．灰度　　　　　　C．位图　　　　　　D．双色调

二、应用实例

1．将一幅彩色图像模式的文件转换为位图模式，分别使用 50%阈值、图案仿色、扩散仿色、半调网屏、自定图案选项，来表现不同的效果。

提示：先将彩色图像模式转换为灰度模式，然后转换为位图模式。

2．利用拾色器、颜色取样器、吸管工具分别练习颜色的取样。

第五章　绘　图　工　具

【学习要点】
● 掌握绘图工具的参数设置与使用方法
● 掌握渐变工具的类型与使用方法
● 会使用前景色、背景色或图案填充选区

绘图工具包括画笔工具、铅笔工具和各种擦除工具。它们可以修改图像中的像素。画笔工具和铅笔工具通过画笔设置来应用颜色，类似于传统的绘图工具；擦除工具用来修改图像中的现有颜色。

5.1　绘图工具的使用

使用画笔是使用绘画和编辑工具的重要部分，画笔决定着描边效果的许多特性。Photoshop 提供了各种预设画笔，以满足广泛的用途。也可以使用"画笔"调板来创建自己设定的画笔。

5.1.1　画笔工具

画笔工具是最具代表性的绘图工具，可以让用户使用当前的前景色在图像上绘制线条或图形。如果设置色彩的混合模式、不透明度和喷枪选项，可绘制出柔边、硬边以及其他各种形状的线条或图形，使用不同的笔尖产生不同的效果，如图 5-1 所示。

提示：要绘制直线，先在图像窗口中点按起点。然后按住 Shift 键并点按终点，可绘制出水平、垂直或 45°角的直线。

图 5-1　不同的笔尖的绘制效果

5.1.2　铅笔工具

铅笔工具 ✐ 的使用方法与画笔工具 ✐ 相似，但铅笔工具只能绘制硬边线条或图形，与平时生活中的铅笔十分相似，如图 5-2 所示。

铅笔工具的"自动抹掉"选项，是铅笔工具的特有选项，可用于在包含前景色的区域绘制背景色。当开始拖移时，如果光标的中心在前景色上，则该区域将抹成背景色。如果在开始拖移时光标的中心在不包含前景色的区域上，则该区域将绘制成前景色。

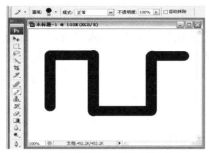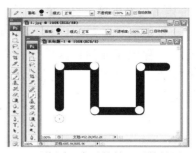

（a）使用铅笔工具绘制的线条　　　　　　（b）使用"自动抹掉"后的效果

图 5-2　使用铅笔工具绘制图形

5.1.3　橡皮擦工具组

橡皮擦和魔术橡皮擦工具可用于将图像的某些区域抹成透明或背景色。背景橡皮擦工具可用于将图层抹成透明。

1．使用橡皮擦工具 ✏

橡皮擦工具会更改图像中的像素。如果正在背景中或在透明被锁定的图层中工作，像素将更改为背景色，否则像素将抹成透明。还可以使用橡皮擦使受影响的区域返回到"历史记录"调板中选中的状态。

（1）选择橡皮擦工具。

（2）在选项栏中执行下列操作：

① 选取画笔并设置画笔选项，该选项不适用于"块"模式。

② 选取橡皮擦模式："画笔"、"铅笔"或"块"。

③ 指定不透明度以定义抹除强度。100% 的不透明度将完全抹除像素。较低的不透明度将部分抹除像素。

④ 在"画笔"模式中，指定流动速率。

⑤ 在"画笔"模式中，点按喷枪按钮，将画笔用作喷枪，或者在"画笔"调板中选择"喷枪"选项。

⑥ 要抹除图像的已存储的状态或快照，请在"历史记录"调板中点按状态或快照的左列，然后选择选项栏中的"抹到历史记录"。

⑦ 如果要暂时以"抹到历史记录"模式使用橡皮擦工具，请按住 Alt 键并在图像中拖移。

（3）在要抹除的区域拖拽鼠标，效果如图 5-3 所示。

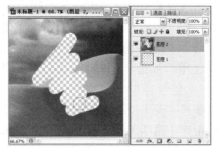

（a）使用橡皮擦工具擦除效果　　　　　（b）使用橡皮擦工具"抹到历史记录"模式擦除效果

图 5-3　橡皮擦工具在不同图层上的擦除效果

2. 使用背景橡皮擦工具

背景橡皮擦工具可用于在拖移时将图层上的像素抹成透明，从而可以在抹除背景的同时在前景中保留对象的边缘。如果当前图层是背景图层，擦除后，背景图层将转变为"图层 0"，如图 5-4 所示。通过指定不同的取样和容差选项，可以控制透明度的范围和边界的锐化程度。

使用步骤如下：

（1）在"图层"调板中，选择要抹除的区域所在的图层。

（2）选择背景橡皮擦工具。

（3）点按选项栏中的画笔样本并在弹出式调板中设置画笔选项。

① 选取"直径"、"硬度"、"间距"、"角度"和"圆度"选项的设置。

② 如果使用的是压力敏感的数字化绘图板，请选取"大小"和"容差"菜单中的选项以改变描边路线中背景橡皮擦的大小和容差。选取"钢笔压力"根据钢笔压力而变化。选取"喷枪轮"根据钢笔拇指轮的位置而变化。选取"关闭"不改变大小和容差。

（4）在选项栏中执行下列操作：

① 选取抹除的限制模式。"不连续"抹除出现在画笔下任何位置的样本颜色；"邻近"抹除包含样本颜色并且相互连接的区域；"查找边缘"抹除包含样本颜色的连接区域，同时更好地保留形状边缘的锐化程度。

② 对于"容差"，输入值或拖移滑块。低容差仅限于抹除与样本颜色非常相似的区域；高容差抹除范围更广的颜色。

③ 选择"保护前景色"：可防止抹除与工具框中的前景色匹配的区域。

④ 选取"取样"选项："连续"随着拖移连续采取色样；"一次"只抹除包含第一次点按的颜色的区域；"背景色板"只抹除包含当前背景色的区域。

（5）在要抹除的区域拖拽鼠标。背景橡皮擦工具指针会显示为画笔形状，其中带有表示工具热点的十字线 ⊕，效果如图 5-4 所示。

3. 使用魔术橡皮擦工具

用魔术橡皮擦工具在图层中点按时，该工具会自动更改所有相似的像素。如果用户是在背景中或是在锁定了透明的图层中工作，像素会更改为背景色，否则像素会抹为透明。用户可以选择：在当前图层上，是只抹除的邻近像素，还是要抹除所有相似的像素。

（1）选择魔术橡皮擦工具。

（2）在选项栏中执行下列操作：

① 输入容差值以定义可抹除的颜色范围。低容差会抹除颜色值范围内与点按像素非常相似的像素；高容差会抹除范围更广的像素。

② 选择"消除锯齿"可使抹除区域的边缘平滑。

③ 选择"邻近"只抹除与点按像素邻近的像素，取消选择则抹除图像中的所有相似像素。

④ 选择"使用所有图层"选项，利用所有可见图层中的组合数据来采集抹除色样。

⑤ 指定不透明度以定义抹除强度。100% 的不透明度将完全抹除像素。较低的不透明度将部分抹除像素。

（3）点按要抹除的图层部分。图 5-5 为使用魔术橡皮擦的擦除效果。

 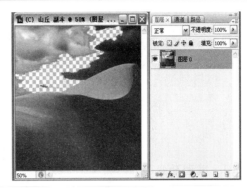

图 5-4 使用背景橡皮擦的擦除效果　　　　图 5-5 使用魔术橡皮擦的擦除效果

5.2 颜色填充和描边

5.2.1 使用渐变工具 🔳

渐变工具可以创建多种颜色间的逐渐混合,可以从预设渐变填充中选取或创建自己的渐变。通过在图像中拖拽鼠标即可用渐变填充区域,起点和终点会影响渐变外观,具体取决于所使用的渐变工具。

1．应用渐变填充

（1）如果要填充图像的一部分,请选择要填充的区域,否则,渐变填充将应用于整个当前图层。

（2）选择渐变工具 🔳 。

（3）在选项栏中选取渐变填充:

图 5-6 渐变工具选项栏

① "线性渐变" 🔳:以直线从起点渐变到终点,如图 5-7（a）所示。

② "径向渐变" 🔳:以圆形图案从起点渐变到终点,如图 5-7（b）所示。

③ "角度渐变" 🔳:以逆时针扫过的方式围绕起点渐变,如图 5-7（c）所示。

④ "对称渐变" 🔳:使用对称线性渐变在起点的两侧渐变,如图 5-7（d）所示。

⑤ "菱形渐变" 🔳:以菱形图案从起点向外渐变。终点定义菱形的一个角,如图 5-7（e）所示。

各种渐变填充效果如图 5-7 所示,图中箭头表示鼠标拖拽的位置和方向。

 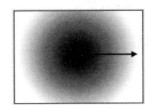 

（a）线性渐变　　　　　　　（b）径向渐变　　　　　　　（c）角度渐变

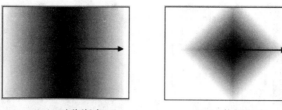

（d）对称渐变　　　　　　　（e）菱形渐变

图 5-7　渐变填充效果

2．编辑渐变

"渐变编辑器"对话框可用于通过修改现有渐变的拷贝来定义新渐变，还可以向渐变添加中间色，在两种以上的颜色间创建混合过渡色。"渐变编辑器"对话框如图 5-8 所示。

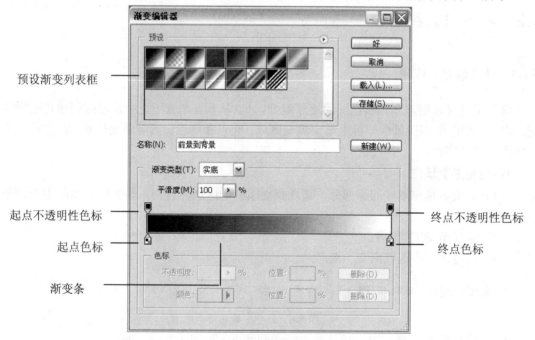

图 5-8　渐变编辑器对话框

3．使用方法

（1）在编辑渐变之前可从预设框中选择一个渐变类型，然后在此基础上进行编辑修改。

（2）确定渐变类型。打开渐变类型列表框，可选择"实底"或"杂色"渐变类型，如图 5-9 所示。

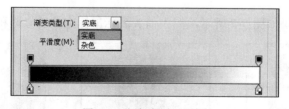

图 5-9　渐变类型对话框

（3）添加或删除色标。根据渐变颜色的多少，在渐变条下方单击添加所需的色标，如图 5-10 所示，一个色标代表一种渐变颜色。

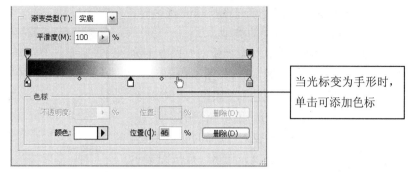

图 5-10　添加色标

（4）设置色标的颜色。选中需要更改的色标，然后按以下方法设置色标的颜色：

① 双击色标，打开"拾色器"对话框，从中选择所需的颜色。

② 选中色标后，单击渐变条下方的色标对话框，打开"拾色器"对话框，从中选择所需的颜色。

（5）设置渐变不透明度。移动光标至渐变条上方，单击鼠标即可添加不透明性色标。选中不透明性色标后，在渐变条下方的不透明度框中可设置不透明度的大小，在位置框中可设置不透明性色标的位置，如图 5-11 所示。

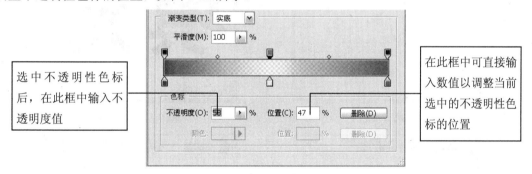

图 5-11　添加不透明性色标

5.2.2　使用油漆桶工具

油漆桶工具填充颜色值与点按像素相似的相邻像素。使用油漆桶工具来填充颜色值与前景颜色相似的像素，如图 5-12 所示。

使用方法：首先指定前景色，再选择油漆桶工具 ，然后指定是用前景色还是用图案填充选区即可。

5.2.3　使用填充命令

可以用前景色、背景色或图案填充选区或图层。在 Photoshop 中，可以使用所提供的图案库中的图案，或创建用户自己的图案。还可以使用

图 5-12　使用油漆桶工具填充前后

图层调板上的"颜色"、"渐变"或"图案叠加"效果或者"纯色"、"渐变"或"图案"填充

图层来填充形状。当使用填充图层填充选区时，可以轻松更改所使用图层的类型。

图 5-13　填充对话框

在"填充"对话框中，为"使用"选取下列选项之一或选择"自定图案"，如图 5-13 所示。

① "前景色"、"背景色"、"黑色"、"50% 灰色"或"白色"用指定的颜色填充选区。

② "颜色"：用从拾色器中选择的颜色填充。

③ "图案"：用图案填充选区。点按图案示例旁的倒箭头，并从弹出式调板中选择图案。可以使用弹出式调板菜单载入其他图案，如图 5-14 所示。

④ "历史记录"将所选区域恢复到图像的某个状态。

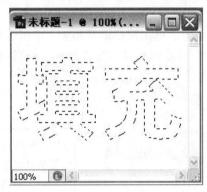

选区（a）

颜色填充效果（b）

选区（c）

图案填充效果（d）

图 5-14　填充效果

要将前景色填充只应用于包含像素的区域，请按 Alt+Shift+Backspace 组合键，将保留图层的透明区域。要将背景色填充只应用于包含像素的区域，请按 Ctrl + Shift + Backspace 组合键。

5.2.4　使用描边命令

可以使用"描边"命令在选区、图层或路径周围绘制边框。如果要对整个图层描边，可

以使用"描边"图层效果。如果要在当前图层
上快速创建描边，不必遵循图层边缘，直接使
用"描边"命令即可。描边对话框如图 5-15
所示。

图 5-15　描边对话框

① 描边：在宽度文本框中可输入一个
1～250 像素的数值，指定描边的宽度，单击
其下的颜色框可打开"拾色器"对话框选取描
边的颜色。

② 位置：设置描边的位置，由内部、居
中、居外三种选择方式。

③ 混合：设置描边的不透明度和色彩混合模式，如图 5-16 所示。

描边效果（a）　　　　　　　　　　　　描边效果（b）

图 5-16　选区描边和图像描边效果

本章小结

　　本章主要介绍了绘图工具的参数设置与使用方法，如何使用前景色、背景色或图案填充
选区以及渐变工具的类型与使用方法。通过本章的学习和实例操作，读者将能灵活的运用绘
图工具来进行图像处理。

习题与应用实例

一、习题

　　1．填空题
　　（1）使用画笔工具绘制的线条比较柔和，而使用铅笔工具绘制的线条＿＿＿＿＿＿＿＿。
　　（2）使用仿制图章工具时，需要先按＿＿＿＿＿＿＿＿键定义图案；在图案图章工具属性
栏中选中＿＿＿＿＿＿＿＿复选框，可以绘制类似于印象派艺术效果。
　　（3）橡皮工具组包括橡皮擦工具、＿＿＿＿＿＿＿＿和＿＿＿＿＿＿＿＿等三种工具。
　　（4）历史记录画笔工具和历史记录艺术画笔工具在效果上的区别是＿＿＿＿＿＿＿＿＿
＿＿＿＿＿＿＿＿＿＿＿＿＿＿。
　　（5）使用椭圆工具绘制正圆的方法是＿＿＿＿＿＿＿＿。

2．选择题

（1）下面对背景擦除工具与魔术橡皮擦工具描述正确的是（　　　）。

A．背景擦除工具与魔术橡皮擦工具使用方法基本相似，背景擦除工具可将颜色擦掉变成没有颜色的透明部分

B．魔术橡皮擦工具可根据颜色近似程度来确定将图像擦成透明的程度

C．背景擦除工具选项调板中的容忍度选项是用来控制擦除颜色的范围

D．魔术橡皮擦工具选项调板中的容忍度选项在执行后擦除图像连续的部分

（2）下面对渐变填充工具功能的描述（　　　）是正确的。

A．如果在不创建选区的情况下填充渐变色，渐变工具将作用于整个图像

B．不能将设定好的渐变色存储为一个渐变色文件

C．可以任意定义和编辑渐变色，不管是两色、三色还是多色

D．在 Photoshop 中共有五种渐变类型

（3）下面（　　　）选择工具形成的选区可以被用来定义画笔的形状。

A．矩形工具　　　　　B．椭圆工具　　　　　C．套索工具　　　　　D．魔棒工具

（4）画笔工具的用法和喷枪工具的用法基本相同，唯一不同的是以下（　　　）选项。

A．笔触　　　　　　　B．模式　　　　　　　C．湿边　　　　　　　D．不透明度

（5）自动抹除选项是（　　　）工具栏中的功能。

A．画笔工具　　　　　B．喷笔工具　　　　　C．铅笔工具　　　　　D．直线工具

二、应用实例

1．制作气球。

本实例制作的气球如图 5-17 所示，其中气球的高光、阴影全部使用渐变填充得到，同时降低了图层的不透明度，以得到气球的透明效果。

（1）按 Ctrl+O 组合键，打开一幅背景图像，如图 5-18 所示。

（2）单击图层调板低端的（　　）按钮，新建"图层 1"，然后选择工具箱中的椭圆选框工具（　　），按住 Shift 键在新图层中绘制一个椭圆。

图 5-17　气球制作效果

图 5-18　背景图像

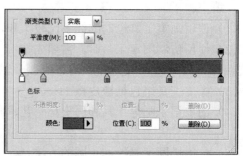

图 5-19　编辑渐变

（3）选择工具箱中渐变工具（▇），单击选项栏渐变条，打开"渐变编辑器"，编辑一个如图 5-19 所示的渐变，渐变条上从左至右色标的颜色值如下：（255、255、255）、（130、225、80）、（75、175、23）、（38、145、33）、（23、169、19）。单击"确定"按钮关闭"渐变编辑器"。

（4）按渐变工具选项栏中的径向渐变方式按钮（▇），然后移动光标至图像窗口选区内拖拽鼠标，填充渐变结果如图 5-20 所示。最后按下 Ctrl+D 组合键取消选区。

图 5-20　填充渐变效果　　　　　　　　图 5-21　制作其他气球

（5）使用同样的渐变填充方法制作其他颜色的气球，并使每个气球分别位于不同的图层，然后调整各个气球的位置和大小，结果如图 5-21 所示。

（6）在图层调板中改变各个气球图层的不透明度为 90%，以得到气球的透明效果。

（7）最后使用画笔工具绘制各个气球的拉线，得到如图 5-17 所示的效果。

2．抠图。

也许一提到橡皮工具组，大家都会自然而然地想到他们的擦除作用，其实背景橡皮也有抠图的作用。通过下面的例子来看看背景橡皮擦的抠图效果。

（1）打开一张图片，如图 5-22 所示，通过观察可以发现此图可通过多种方法抠图。这种情况，其实还可以使用我们经常使用但想不到的最简单的背景橡皮进行处理。

图 5-22　人物图片　　　　　　　　图 5-23　设置前景色和背景色

（2）将头发的颜色设为前景色，发丝边缘的颜色设为背景色，如图 5-23 所示。

（3）选择背景橡皮工具，其属性设置如图 5-24 所示，依然保持刚才所设置前景色的背景的颜色，在人物边缘进行擦除，如图 5-25 所示。

（4）给抠好的图添加新背景，大功告成，如图 5-26 所示。

画笔：70　限制：不连续　容差：50%　☑保护前景色　取样：背景色板

图 5-24　背景橡皮工具属性栏设置

图 5-25　擦除效果

图 5-26　最终效果

第六章　图像的编辑与修饰

【学习要点】
- 掌握修改图像的尺寸和分辨率
- 掌握图像的复制、剪切、粘贴、变换等基本编辑操作
- 能使用相应工具修饰、修复图像
- 掌握历史记录调板的使用

6.1　图像的尺寸和分辨率

无论是印刷输出的图像，还是多媒体图像或网页图像，在制作之前，必须先设置好图像的尺寸和分辨率，这样才能进行有效地编辑和管理。

6.1.1　修改图像尺寸和分辨率

使用"图像大小"对话框可以调整图像的尺寸和分辨率。选择"图像"|"图像大小"命令，或在图像窗口标题栏上单击鼠标右键，从弹出的菜单中选择图像大小命令，打开图像大小对话框，如图 6-1 所示。

在更改图像的尺寸和分辨率之前首先应确定是否更改图像的像素数目。像素数目、文档大小和分辨率三者的关系为：

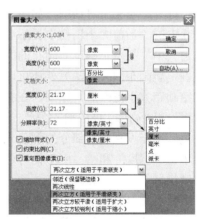

像素数目＝打印尺寸×分辨率

若选中"重定图像像素"复选框，则像素数目保持不变，若增加图像分辨率，则图像的打印尺寸就会减少，若增加图像打印尺寸，则图像的分辨率就会减少。

若不选中"重定图像像素"复选框，在改变图像的打印尺寸和分辨率时，图像像素的数目就会随之改变。

图 6-1　图像大小对话框

（1）像素大小：用于显示和输入图像素的大小，有"百分比"和"像素"两种选择。如果要输入当前尺寸的百分比值，请选取"百分比"作为度量单位。图像的新文件大小会出现在"图像大小"对话框的顶部，而原文件大小在括号内显示。

（2）文档大小：用于更改图像的打印尺寸和分辨率，选择所需单位，输入数值即可。

（3）分辨率：输入一个新值以改变大小。一般分辨率越高，图片显示越清晰，分辨率越低，图片显示越模糊。

（4）重定图像像素：①"邻近"方法速度快但精度低。建议对包含未消除锯齿边缘的插图使用该方法，以保留硬边缘并产生较小的文件。但是，该方法可能导致锯齿状效果，在对图像进行扭曲或缩放时或在某个选区上执行多次操作时，这种效果会变得非常明显。②对于中等品质方法使用两次线性插值。③"两次立方"方法速度慢但精度高，可得到最平滑的色调层次。④放大图像时，请使用"两次立方较平滑"。⑤"两次立方较锐利"可减小图像大小。此方法在重新取样后的图像中保留细节。不过，它可能会过度锐化图像的某些区域。

如果要保持当前的像素宽度和像素高度的比例，请选择"约束比例"。更改高度时，该选项将自动更新宽度，反之亦然。

如果只更改打印尺寸或只更改分辨率，并且要按比例调整图像中的像素总量，则一定要选择"重定图像像素"。然后，选取插值方法。

如果要更改打印尺寸和分辨率而又不更改图像中的像素总数，请取消选择"重定图像像素"。

如果要保持图像当前的宽高比例，请选择"约束比例"。更改高度时，该选项将自动更新宽度，反之亦然。

6.1.2　修改画布大小

画布指的是绘制和编辑图像的工作区域，使用"画布大小"可以轻松地调整画布的大小，从而为图像增加空白区域或裁减不需要的图像区域。

使用"画布大小"对话框可以调整图像的尺寸和分辨率。选择"图像"|"画布大小"命令，或在图像窗口标题栏上单击鼠标右键，从弹出的菜单中选择画布大小命令，打开画布大小对话框，如图 6-2 所示。

其中的"当前大小"栏中显示有当前画布的大小，"新建大小"栏用于确定新画布的大小。用户可有两种方式确定新画布的大小，另外还可以通过"定位"选项组确定画布大小更改后，原图像在新画布中的位置。在"宽度"和"高度"框中输入想要的画布尺寸。"画布扩展颜色"用于设置扩展部分的颜色。

图 6-2　　"画布大小"对话框

单击"宽度"和"高度"框旁边的下拉菜单选择所需的度量单位。

选择"相对"并输入希望画布大小增加或减少的数量（输入负数将减小画布大小）。

从"画布扩展颜色"菜单中选取一个选项。

（1）"前景"：用当前的前景颜色填充新画布。

（2）"背景"：用当前的背景颜色填充新画布。

（3）"白色"、"黑色"或"灰色"：用这种颜色填充新画布。

（4）"其他"：使用拾色器选择新画布颜色。

（5）图像定位。

再"定位"选项组中按相应的按钮，可用于确定图像在新画布中的位置。图 6-3 为使用不同的定位按钮得到的效果。

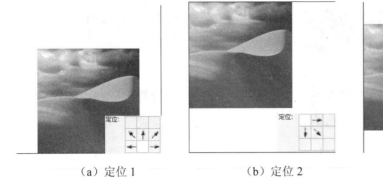

（a）定位 1　　　　　　　　（b）定位 2　　　　　　　　（c）定位 3

图 6-3　图像在新画布中的不同定位

6.1.3　裁切图像

裁切是裁掉部分图像以形成突出或加强构图效果的过程，可以使用"裁剪"工具和"裁切" 📐 命令来裁切图像。

（1）选择裁剪工具 📐 。

（2）在图像中要保留的部分上拖拽鼠标，以便创建一个选框。

① 如果要将选框移动到其他位置，将指针放在定界框内并拖移。

② 如果要缩放选框，拖动控制手柄。如果要约束比例，就在拖移角手柄时按住 Shift 键。

③ 如果要旋转选框，将指针放在定界框外（指针变为弯曲的箭头）并拖移。如果要移动选框旋转时所围绕的中心点，就拖移位于定界框中心的圆。

④ 按 Enter 键或在裁剪选框内双击鼠标左键，或单击选项栏中的"提交"按钮即可完成裁剪，如图 6-4 所示。

使用裁剪命令，也可以非常方便地裁剪图像。

（a）定裁切选区　　　　　　　　　　　　（b）裁切后

图 6-4　图像的裁剪效果

首先使用如矩形选框工具 ⬚ 、椭圆选框工具 ⬭ 、套索工具 ⬭ 或魔术棒工具 ⬩ 等，在图像中建立一个选择区域，这个选择区域可以是矩形、椭圆或其他任意形状，如图 6-5 所示。然后执行"图像"|"裁剪"命令，Photoshop 便自动以选区内各边最边端的像素为界，裁切得到矩形图像，如图 6-6 所示。

图 6-5　裁剪前的选区　　　　　　　　图 6-6　裁剪后的效果

6.1.4　裁切图像空白边缘

如图 6-7 所示，图像的周围存在着一块白色的空白区域，如果要裁减此区域，得到如图 6-8 所示的效果，不管是使用裁剪工具或裁切命令，都需要选择裁剪范围，才能开始裁切。这时如果使用裁切命令，就可以轻松地完成。

（1）打开需要修剪空白区域的图像文件，如图 6-7 所示。

图 6-7　原图像　　　　　　　　　　图 6-8　裁切后

（2）选取"图像"|"裁切"，打开如图 6-9 所示的对话框。

① 基于：该栏用于选择裁切方式，即哪些区域将被看做空白区域而被裁切。"透明像素"：修整掉图像边缘的透明区域，留下包含非透明像素的最小图像；"左上角像素颜色"：从图像中移去左上角像素颜色的区域；"右下角像素颜色"：从图像中移去右下角像素颜色的区域。

② 裁切掉：用于选择裁切区域。选择一个或多个要修整的图像区域"顶"、"底"、"左"或"右"，那侧的空白区域将被裁切。

图 6-9　裁切对话框

6.2　基本编辑命令

6.2.1　复制、剪切和粘贴图像

"拷贝"命令用于复制当前图层上的选择区域，如果当前图层上没有选择区域，将复制整个当前图层。

"粘贴"命令将复制的选区粘贴到图像的另一个部分，或将其作为新图层粘贴到另一个图像。如果有一个选区，则"粘贴"命令将复制的选区放到当前的选区上，如果没有活动选区，则"粘贴"命令将复制的选区放到视图区域的中央，如图 6-10 所示。

（a）复制的图层或选区   （b）粘贴到另一个图像上的效果

图 6-10 复制粘贴效果

"剪切"命令的操作方法与以此类似，它与粘贴命令结合使用，起到剪切图像的作用。

6.2.2 合并拷贝和粘贴入图像

"合并拷贝"命令在不影响原图像的情况下，将选区范围内所有图层的图像进行复制，而"拷贝"命令仅复制选区范围内当前图层的图像。下面举例进行说明。

图 6-11 是一个多图层的图像，当前图层为"标题"层，在图像中已经建立了一个椭圆选区。

6-11 多图层图像

执行"编辑"|"拷贝"命令，然后在一个深色背景的图像文件中执行"编辑"|"粘贴"命令，便会得到如图 6-12 所示的效果；如果在图上执行"编辑"|"合并拷贝"命令，再执行"编辑"|"粘贴"命令，便得到如图 6-13 所示的效果。

图 6-12 拷贝粘贴效果   图 6-13 合并拷贝粘贴效果

6.2.3 移动图像

移动图像主要使用工具箱中的移动工具 。若移动的对象是图层，应先将该图层设置为当前图层，然后使用移动工具在图像窗口中拖拽鼠标（此时移动工具变为形状）；若移动的是图像中某一块区域，就应在该区域创建选区，然后使用移动工具进行移动。

当在背景中移动选区时，移动后留下的空白区域将被 Photoshop 用背景色填充；当在普通图层中移动选区时，移动后留下的空白区域将变为透明，透出叠放于下面图层的图像。

利用移动图像操作，可以轻松地将一幅图像的内容移到另一幅图像上，从而以最简单的方法创建出图像的拼贴效果，如图 6-14 所示。

   （a）要移动的图层或选区   （b）要移动到的图层   （c）移动图像合成后的效果

图 6-14　移动图像合成效果

使用光标移动键同样可以移动图像。如果当前选择的是移动工具，按↑、↓、←或→光标移动键，可分别使图像向上、下、左或右移动一个像素。

6.2.4 删除和恢复图像

如果要清除图像内的某个区域，首先创建清除区域的选区，执行"编辑"|"清除"命令，或按键盘上的 Delete 键删除即可。

如果在背景图层上清除图像，Photoshop 会在清除的图像区域内填充背景色，如果是在其他图层上清除图像，得到的是透明选区。

如果要恢复清除的图像，执行"编辑"|"还原清除"命令即可。

6.3　图像的旋转和变换

6.3.1 旋转画布

使用"旋转画布"命令可以旋转或翻转整个图像。这些命令不适用于单个图层或图层的一部分、路径以及选区边框。如果要旋转的是一个图层或选区里面的图像，就使用"编辑"|"变换菜单"下的命令。各种画布旋转的效果如图 6-15 所示。如果执行"图像"|"旋转画布"|"任意角度"命令，将打开任意角度对话框，从中可以精确地输入旋转的角度和旋转的方向。

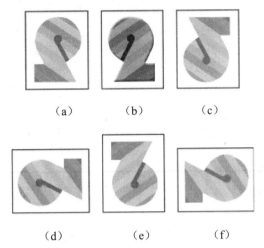

（a） （b） （c）

（d） （e） （f）

（a）水平翻转 （b）原稿图像 （c）垂直翻转 （d）逆时针旋转 90° （e）旋转 180° （f）顺时针旋转 90°

图 6-15 各种画布旋转效果

6.3.2 变换

变换子菜单下的命令可以将特定的变换应用在选区、整个图层、多个图层或图层蒙版上，还可以向路径、矢量形状、矢量蒙版、选区边框或 Alpha 通道应用变换。

（1）打开需要的图像或图层，如图 6-16 所示。

（2）从"编辑"|"变换"子菜单中选择一种变换命令。

① 缩放：选择此命令后，移动光标至变换框上方，光标显示为双箭头形状，拖拽鼠标即可调整图像的尺寸大小。如按下 Shift 键，可以等比例缩放图像的大小，如图 6-17 所示。

图 6-16 原图像

② 旋转：选择此命令后，移动光标至变换框外，当光标显示为形状后，拖拽鼠标即可旋转图像。如按下 Shift 键，则每次旋转 15°，如图 6-18 所示。

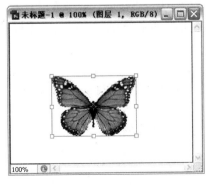

图 6-17 缩放图像

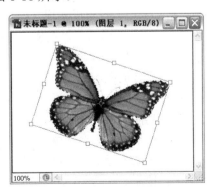

图 6-18 旋转图像

③ 斜切：选择此命令后，可以将图像倾斜变换，在该变换状态下，变换控制框的控制点只能在变换控制框边线所定义的方向上移动，从而使图像得到倾斜的效果，如图 6-19 所示。

④ 扭曲：选择此命令后，可以拖拽变换框的四个角点进行变换，但四边形任一角的内角角度不得大于 180°，如图 6-20 所示。

⑤ 透视：选择此命令后，拖拽变换框任一角点时，拖拽方向上的另一角点会发生相反的移动，最后得到对称的梯形，从而使图像得到透视变形的效果，如图 6-21 所示。

⑥ 变形：选择此命令后，拖拽变换框任一角点或变换框边线时，拖拽方向上的另一角点会发生相应的移动，从而使图像得到变形的效果，如图 6-22 所示。

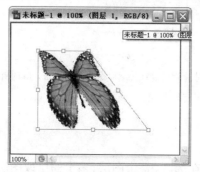

图 6-19　斜切图像

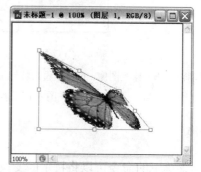

图 6-20　扭曲图像

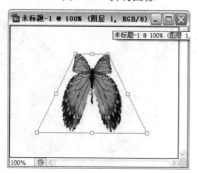

图 6-21　图像透视效果

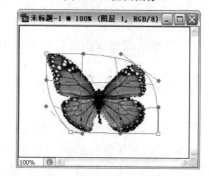

图 6-22　图像变形效果

6.3.3　自由变换

使用"自由变换"也可以实现"缩放"、"旋转"、"斜切"、"扭曲"和"透视"效果，而不必从菜单中选择这些命令。若要应用这些变换，要在拖拽变换框的手柄时使用不同的快捷键，或直接在选项栏中输入数值。

（1）打开需要的图像或图层。

（2）执行"编辑"|"自由变换"命令，或按 Ctrl+T 快捷键进入自由变换状态。

（3）配合功能键执行以下某一变换操作：

① 缩放：移动光标至变换框上方，拖拽鼠标即可调整图像的尺寸大小。

② 旋转：移动光标至变换框外部，拖拽鼠标进行旋转。

③ 斜切：按住 Ctrl+Shift 组合键并拖拽变换框边框。

④ 扭曲：按住 Ctrl 键并拖拽鼠标变换框角点。

⑤ 透视：按住 Ctrl+Alt+Shift 组合键并拖拽变换框角点。

6.4　复制图像

6.4.1　图案图章工具

使用图案图章工具可以利用图案进行绘画。使用图案图章工具的操作步骤如下：

（1）选择图案图章工具。

（2）在选项栏中选取画笔笔尖，并设置画笔选项（混合模式、不透明度和流量）等。

（3）在选项栏中选择"对齐的"，会对像素连续取样，如果取消选择"对齐的"，则会在每次停止并重新开始绘画时使用初始取样点中的样本像素。

（4）在选项栏中，从"图案"弹出调板中选择图案。

（5）如果希望对图案应用并得到印象派效果，请选择"印象派效果"。

（6）在图像中拖拽鼠标即可使用该图案进行绘画。

6.4.2　仿制图章工具

仿制图章工具首先从图像中选择取样点，然后将样本应用到其他图像或同一图像的其他位置，也可以将一个图层的一部分仿制到另一个图层上。

在使用仿制图章工具时，会在该区域上设置要应用到另一个区域上的取样点。通过在选项栏中选择"对齐"，无论对绘画停止和继续过多少次，都可以重新使用最新的取样点。当"对齐"处于取消选择状态时，将在每次绘画时重新使用同一个样本像素。

使用仿制图章工具的方法如下：

（1）选择仿制图章工具。

（2）在选项栏中，选取画笔笔尖并为混合模式、不透明度和流量设置画笔选项。

（3）确定想要对齐样本像素的方式。在选项栏中选择"对齐"，会对像素连续取样，而不会丢失当前的取样点。如果取消选择"对齐"，则会在每次停止并重新开始绘画时使用初始取样点中的样本像素。

（4）在选项栏中选择"使用所有图层"可以从所有可视图层对数据进行取样；取消选择"使用所有图层"将只从当前图层取样。

（5）通过在任意打开的图像中定位指针，然后按住 Alt 键并点按鼠标来设置取样点。

（6）在要复制的图像部分上拖拽鼠标即可。

6.5　修饰图像细节

6.5.1　模糊工具

模糊工具可柔化图像中的硬边缘或区域，从而减少细节，达到模糊图像的目的，如图6-23 所示。

（a）原图像   （b）模糊后

图 6-23   使用模糊工具模糊图像

     模糊工具的使用非常简单，选择该工具后，使用一个大小合适的画笔，在需要模糊的图像区域来回拖拽鼠标即可。模糊工具常常用来修正图像中的一些杂点或折痕，通过模糊处理，可使尖锐的杂点与周围的图像像素融合在一起。

     模糊工具的选项栏，如图 6-24 所示，设置"强度"数值的大小可控制模糊的程度。

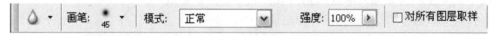

图 6-24   模糊工具选项栏

6.5.2 锐化工具

     锐化工具与模糊工具恰好相反，它通过增大图像相邻像素之间的反差来锐化图像，从而增加细节，使图像看起来更清晰，如图 6-25 所示。

（a）原图像   （b）锐化后

图 6-25   用锐化工具锐化图像

6.5.3 涂抹工具

     涂抹工具可模拟在湿颜料中拖移手指的动作。该工具可拾取开始位置的颜色，并沿拖移的方向展开这种颜色，达到模拟手指搅拌颜料的效果，如图 6-26 所示。

（a）原图像   （b）涂抹后

图 6-26   使用涂抹工具涂抹图像

6.5.4 减淡和加深工具

减淡工具 和加深工具 通过调节照片特定区域的曝光度，可使图像局部区域变亮或变暗。通过曝光度的调节以使照片中的某个区域变亮（减淡），或增加曝光度使照片中的区域变暗（加深）。减淡和加深工具选项栏如图 6-27、图 6-28 所示。

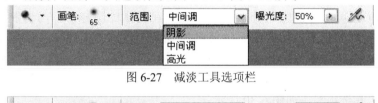

图 6-27　减淡工具选项栏

图 6-28　加深工具选项栏

（1）在选项栏中选取画笔笔尖并设置画笔选项。

（2）在选项栏中，选择"中间调"：更改灰色的中间范围；"暗调"：更改暗区；"高光"：更改亮区。

（3）为减淡工具或加深工具指定曝光度。

（4）点按"喷枪"按钮，将画笔用作喷枪。

6.5.5 海绵工具

海绵工具可精确地更改区域的色彩饱和度。在灰度模式下，该工具通过使灰阶远离或靠近中间灰色来增加或降低对比度。

海绵工具选项栏如图 6-29 所示。

图 6-29　海绵工具选项栏

（1）在选项栏中选取画笔笔尖并设置画笔选项。

（2）在选项栏中，选择要用来更改颜色的方式。"去色"：稀释颜色的饱和度；"加色"：增强颜色的饱和度。

（3）为海绵工具指定流量。

6.6　修复图像

6.6.1　污点修复画笔工具

污点修复工具用来修复图像文件中的污点。污点修复画笔工具最大的优点就是不需要定义原点，只要确定好要修补的图像的位置，Photoshop 就会从所修补区域的周围取样进行自动匹配。也就是说只要在需要修补的位置画上一笔然后释放鼠标后，就完成了修补。

6.6.2　修复画笔工具

修复画笔工具可用于校正瑕疵，使它们消失在周围的图像中。与仿制工具一样，使用修复画笔工具可以利用图像或图案中的样本像素来绘画。但是修复画笔工具还可将样本像素的纹理、光照、透明度和阴影与源像素进行匹配，从而使修复后的像素不留痕迹地融入图像当中。

修复画笔工具选项栏，如图 6-30 所示。

图 6-30　修复画笔工具选项栏

（1）从选项栏的"模式"弹出菜单中选取混合模式：选取"替换"可以保留画笔描边的边缘处的杂色、胶片颗粒和纹理。

（2）在选项栏中选取用于修复像素的源："取样"可以使用当前图像的像素，而"图案"可以使用某个现有的图案。

（3）在选项栏中选择"对齐"，会对像素连续取样；如果取消选择"对齐"，则会在每次停止并重新开始绘画时使用初始取样点中的样本像素。

（4）如果在选项栏中选择"使用所有图层"，可从所有可见图层中对数据进行取样；如果取消选择"使用所有图层"，则只从当前图层中取样。

（5）如果是处于取样模式中的修复画笔工具，将指针置于任意一幅打开的图像中，按住 Alt 键并点按鼠标。

6.6.3　修补工具

通过使用修补工具，可以用其他区域或图案中的像素来修复选中的区域。像修复画笔工具一样，修补工具会将样本像素的纹理、光照和阴影与源像素进行匹配，还可以使用修补工具来仿制图像的隔离区域。

修补工具选项栏，如图 6-31 所示。

图 6-31　修补工具选项栏

（1）如果在选项栏中选中了"源"，将选区边框拖移到想要从中进行取样的区域。松开鼠标按钮时，原来选中的区域被使用样本像素进行修补。

（2）如果在选项栏中选中了"目标"，请将选区边框拖移到要修补的区域。松开鼠标按钮时，新选中的区域被用样本像素进行修补。

（3）从选项栏的"图案"弹出式调板中选择图案，并点按"使用图案"。

6.6.4 红眼工具

是用于消除照相时产生红眼现象的一个工具，操作简单、易用。在眼睛红点上单击即可。

6.7 注释和度量工具的使用

6.7.1 注释工具的使用

在 Photoshop 中可以将文字注释和语音注释附加到图像上。这对于在图像中加入评论、制作说明或其他信息很有用。文字注释和语音注释在图像上显示为不可打印的小图标。它们与图像上的位置有关，与图层无关。可以显示或隐藏注释，打开文字注释查看或编辑其内容以及播放语音注释。当创建文字注释时，将出现一个大小可调的窗口供键入文本。如果要录制语音注释，在计算机的音频输入端口中必须插有麦克风。

图 6-32 创建文字注释

1．创建文字注释

创建文字注释，如图 6-32 所示。

（1）选择注释工具。

（2）根据需要设置选项，如图 6-33 所示。

图 6-33 文字注释选项栏

① 输入作者姓名，姓名将出现在注释窗口的标题栏中。

② 选取注释文本的字体和大小。

③ 选择注释图标和注释窗口标题栏的颜色。

④ 点按要放置注释的位置，或拖移以创建自定大小的窗口。

2．创建语音注释

创建语音注释，如图 6-34 所示。

（1）选择语音注释工具。

（2）根据需要设置选项，如图 6-35 所示。

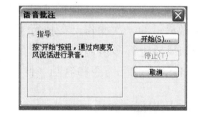

图 6-34 语音注释对话框

图 6-35 语音注释选项栏

① 输入作者姓名。

② 选择语音注释图标的颜色。

③ 点按要放置注释图标的位置。

④ 点按"开始"，然后对着麦克风讲话。完成之后，点按"停止"按钮。

6.7.2 度量工具的使用

标尺工具可计算工作区域内任意两点之间的距离。当测量两点间的距离时，此工具会绘制一条直线（这条线不会打印出来），并在选项栏和"信息"调板中显示下列信息，如图 6-36 所示。

（1）起始位置（X 和 Y）。

（2）在 x 轴和 y 轴上移动的水平 （W） 和垂直（H） 距离。

（3）相对于轴测量的角度 （A）。

（4）移动的总距离 （D1）。

（5）使用量角器时移动的两个距离（D1 和 D2）。

如果要从现有测量线创建量角器，按 Alt 键并以一个角度从测量线的一端开始拖移，或点按两次起始点或结束点并拖移，如图 6-36 所示。

图 6-36　测量点的距离

6.8　还原和重做图像

与其他软件一样，如果在 Photoshop 中误进行了操作，可以使用还原和重做功能返回到以前的编辑状态。

6.8.1 还原命令和重做命令

执行"编辑"|"还原"命令（快捷键 Ctrl+Z），可以还原上一次对图像的操作，执行"编辑"|"重做"命令（快捷键 Ctrl+Z），则可以重做已还原的操作。还原和重做命令只能还原和重做最近的一次操作，在执行了一次还原命令后，该命令就变成了重做命令。

如果要进行多次还原和重做命令，就使用向前（快捷键 Ctrl+Shift+Z）命令和返回（快捷键 Ctrl+Alt+Z）命令。

6.8.2 历史记录面板

"历史记录"调板可以在当前工作期间跳转到所创建图像的任一最近状态。每次对图像应用更改时，图像的新状态都会添加到该调板中，如图 6-37 所示。

例如，如果对图像局部进行选择、绘画和旋转等操作，则这些状态的每一种都会单独列在该调板中。然后可以选择任一状态，而图像将恢复到第一次应用此更改时的外观。然后可以从该状态开始工作。默认情况下，"历史记录"调

图 6-37　历史记录面板

板会列出以前的 20 个状态。随时可以在"预置"中更改这一状态数。在此状态数之前的状

态会被自动删除，以便为 Photoshop 释放出更多的内存。

6.8.3　历史记录画笔工具

使用历史记录面板还原图像，整个图像都将恢复到历史状态，如果希望有选择的恢复部分图像，就可以使用历史记录画笔工具进行恢复。

（1）打开一幅图像，如图 6-38（a）所示。

（2）执行"滤镜"|"风格化"|"拼贴"命令，打开对话框，保持默认参数，单击确定按钮，结果如图 6-38（b）所示。

（a）原图　　　　　　　　　　　　　（b）效果图

图 6-38　图像拼贴效果

（3）执行"编辑"|"填充"命令，在图像窗口中填充图案，结果如图 6-39 所示。

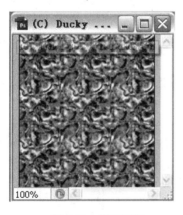

图 6-39　填充图案　　　　　　　　　　图 6-40　指定恢复状态

（4）在历史记录面板中"拼贴"状态前的□框中单击，以指定历史记录画笔欲恢复的状态，此时在框中出现历史记录画笔工具图标，如图 6-40 所示。

（5）选择工具箱中历史画笔工具图标，设置一个大小合适的笔尖，然后在图像窗口中拖拽鼠标，画笔涂抹过的区域就恢复到"拼贴"状态，如图 6-41 所示。

6.8.4　历史记录艺术画笔

历史记录艺术画笔工具和历史记录画笔工具的使用方

图 6-41　恢复结果

法相同，不同的是它可设置不同的画笔样式，在恢复图像时得到不同的艺术效果。

历史记录艺术画笔工具选项栏如图 6-42 所示，在样式列表框中可选择各种不同的样式。

图 6-42　历史记录艺术画笔工具选项栏

6.8.5　使用恢复命令恢复图像

在编辑图像的过程中，执行"图像"|"恢复"命令，或直接按下 F12 键，Photoshop 就会重新打开该文件，从而将图像恢复至打开时的状态。

如果在编辑图像的过程中进行了保存操作，那么执行"恢复"命令会恢复图像至上一次保存的状态，没有保存的编辑数据将丢失。

6.8.6　使用快照功能

利用"快照"命令，可以创建图像的任何状态的临时拷贝（快照），选择一个快照就可以从图像的那个状态开始工作。在操作过程中，可以随时存储快照，也可以命名快照，使它更易于识别。

利用快照功能，就可以很容易比较效果。例如，可以在应用滤镜前后创建快照。然后选择第一个快照，并尝试在不同的设置情况下应用同一个滤镜。在各快照之间切换，找出最喜爱的设置。

利用快照，可以很容易恢复工作。可以在尝试使用较复杂的技术或应用一个动作时，先创建一个快照。如果对结果不满意，可以选择该快照来还原所有步骤。

创建快照的方法，如图 6-43 所示。

（1）选择一个状态。

（2）要自动创建快照，请点按"历史记录"调板上的"新快照"按钮。如果选中了历史记录选项内的"存储时自动创建新快照"，则从"历史记录"调板菜单中选取"新快照"。

图 6-43　建立快照

（3）在"名称"文本框中输入快照的名称。

（4）对于"自"，选择快照内容。

①　"全文档"：可创建图像在该状态时所有图层的快照。

②　"合并的图层"：可创建图像在该状态时合并了所有图层的快照。

③　"当前图层"：只创建该状态时当前所选图层的快照。

快照虽可以建立多个且一直保留在整个编辑过程中，但快照不能随图像存储，关闭图像时就会删除其快照。

本章小结

在绘制和修饰图像的过程中，编辑图像是常用的操作，要使画面效果达到预想的目的，则要熟练掌握修改图像的尺寸和分辨率，掌握图像的复制、剪切、粘贴、变换等基本编辑操作，能使用相应工具修饰、修复图像以及掌握历史记录调板等知识。

习题与应用实例

一、习题

1．填空题

（1）选取好图像后，按＿＿＿＿＿＿＿＿键可以复制图像，按＿＿＿＿＿＿＿＿键可以剪切图像，按＿＿＿＿＿＿＿＿键可以粘贴图像。

（2）选择编辑菜单下的＿＿＿＿＿＿＿＿命令或按 Delete 键，可以清除选择区域内的图像。

（3）选择编辑菜单下的＿＿＿＿＿＿＿＿命令或按 Ctrl+T 组合键，可以对选区内的图像进行缩放、旋转等自由变换操作。

（4）填充图像区域可以选择＿＿＿＿＿＿＿＿菜单命令实现；描边图像区域的边缘可以选择＿＿＿＿＿＿＿＿菜单命令实现。

（5）使用快捷键＿＿＿＿＿＿＿＿最多可恢复操作 20 步。

2．选择题

（1）使用【仿制图章工具】应采用以下（　　）方式在图像上取样进行复制。

A．在取样的位置单击鼠标并拖动

B．按住 Shift 键的同时单击取样位置可选择多个取样点

C．按住 Ctrl 键的同时单击取样位置

D．按住 Alt 键的同时单击取样位置

（2）图像修饰工具主要用来为图像润色或增加图像的清晰度，其中（　　）工具主要用来增加图像的清晰度。

A．　　　　　　B．　　　　　　C．　　　　　　D．

（3）下面对模糊工具功能的描述（　　）是正确的。

A．模糊工具只能使图像的一部分边缘模糊

B．模糊工具的压力是不能调整的

C．模糊工具可降低相邻像素的对比度

D．如果在有图层的图像上使用模糊工具，只有所选中的图层才会起变化

（4）当编辑图像时，使用减淡工具可以达到（　　）目的。

A．使图像中某些区域变暗　　　　　　B．删除图像中的某些像素

C．使图像中某些区域变亮　　　　　　D．使图像中某些区域的饱和度增加

（5）下面（　　）可以减少图像的饱和度。

A．加深工具　　　　　　　B．减淡工具　　　　　　C．海绵工具

D．任何一个在选项调板中有饱和度滑块的绘图工具

二、应用实例

1．利用印章命令复制荷花。

（1）执行菜单中的"文件"|"打开"命令，打开如图 6-44 所示的图像。

（2）选择工具箱中的仿制图章工具，按住 Alt 键不放，在图中的荷花上单击鼠标，然后松开鼠标，接着在荷花以外的地方拖拽鼠标，即可复制出一模一样的荷花，结果如图 6-45 所示。

图 6-44　荷花文件　　　　　　　　图 6-45　利用印章命令复制荷花效果

2．制作柠檬西瓜。

（1）打开一幅柠檬的图片，如图 6-46 所示。

（2）点选魔术棒，容差 25，在柠檬的中心点击，得到如图 6-47 所示的选区效果，按住 Shift 键点击鼠标，增加选区，如图 6-48 所示，执行"选择"|"存储选区"命令。

（3）打开一幅西瓜的图片，如图 6-49（a）所示。框选西瓜的一部分，按下 Ctrl+C 组合键进行复制，如图 6-49（b）所示。

图 6-46　柠檬

（4）切换到柠檬图像文件，按 Ctrl+V 组合键把复制的西瓜粘贴进来，并按 Ctrl+T 组合键进行缩放，如图 6-50 所示。

图 6-47　用魔术棒进行选择　　　　　　图 6-48　精确选择效果

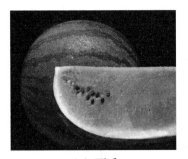

（a）西瓜

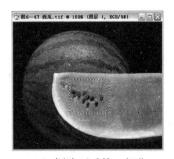

（b）框选西瓜的一部分

图 6-49

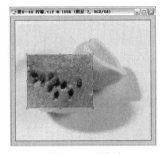

图 6-50　缩放

图 6-51　载入选区

（5）执行"选择"|"载入选区"命令，如图 6-51 所示。

（6）执行"选择"|"反选"命令，如图 6-52 所示，按 Delete 键，删除选区，如图 6-53 所示。

图 6-52　反选

图 6-53　删除选区

（7）用同样的方法做出另外一个柠檬的效果，结果如图 6-54 所示。

图 6-54　最终效果

第七章　图像色彩和色调的调整

【学习要点】
● 掌握图像的色调调整
● 掌握图像的色彩调整

在中文 Photoshop CS3 中，系统提供了众多调整图像色彩与色调的命令。所有的色彩和色调命令均位于"图像"|"调整"菜单中，并且大多数调整都能预览结果，如图 7-1 所示。对色彩和色调有缺陷的图像进行调整，会使其更加完美。如果在图像中未选择区域，则对整幅图像进行调整；如果选择区域，则对选择区域进行调整。

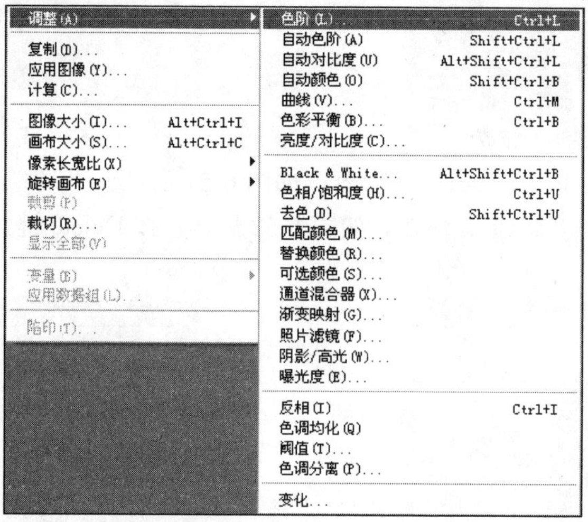

图 7-1　"调整"菜单

在 Photoshop CS3 中，图像的色调依照色阶的明暗程度来划分，明亮的部分形成高色调，暗色部分形成低色调，中间色形成半色调。对图像的色调进行调整主要是对图像明暗度的调整。

调整图像的色调，一般可以使用"色阶"、"自动色阶"、"自动对比度"和"曲线"命令来完成。

7.1　调整图像色彩的色调

7.1.1　色阶和自动色阶命令

色阶调整。通过对图像进行色阶调整，可以平衡图像的对比度、饱和度、灰度，使图像看上去更生动。

色阶指的是图像中颜色或颜色的某个组成部分的亮度区域。

色阶调整方法：单击"图像"|"调整"|"色阶"命令或快捷键 Ctrl+L，打开"色阶"对话框，如图 7-2 所示。利用滑块或输入数值，都可调整输入以及输出的色阶值，也就可以对指定的通道或图像的明暗度进行调整。

提示：

（1）通道：用于设置要调整的颜色通道。

（2）输入色阶：该项设置可以定义图像低色调、半色调和高色调。

输入色阶左侧的数值框和黑色三角滑块用于调整低色调，图像中低于该亮度值的所有像素将

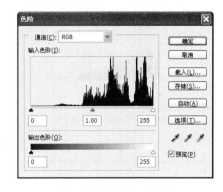

图 7-2 "色阶"对话框

变为黑色；中间的数值框和灰色三角滑块用于调整半色调，将提高图像中间灰度；右侧的数值框和黑色三角滑块用于调整高色调，图像中高于该亮度值的所有像素将变为白色。

直方图的横轴用于代表色调亮度值，变化范围为 0～255。直方图的纵轴代表当前图像中拥有对应于横轴上某亮度值的像素比例。

（3）输出色阶：用于显示要输出的色阶。左边的滑块可以调整暗部色调，右边的滑块可以调整亮部色调，因此，输出色阶与输入色阶的功能相反。

（4）使用"图像"|"调整"|"自动色阶"命令，系统会自动调整整个图像的色阶。将图像中颜色最浅的像素转为白色，颜色最深的像素转为黑色，然后再按比例重新分配其余的像素。

案例 7-1 对一幅图像进行色阶调整，使色彩明度提高，图像色彩鲜艳。

操作步骤：

（1）打开"水中树"图像，分析图像整体色彩饱和度较低，色调偏暗，如图 7-3 所示。

（2）选择"图像"|"调整"|"色阶"命令，打开"色阶"对话框，观察到图像需要提亮图像，增强对比度，如图 7-4 所示。

（3）在"色阶"对话框中进行设置，增加低色调数值，降低高色调数值，提亮图像明度，如图 7-5 所示，单击"确定"按钮。

（4）色阶调整后效果，如图 7-6 所示。

图 7-3 "水中树"图像

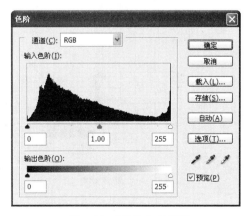

图 7-4 "色阶"对话框

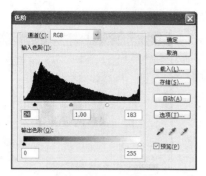

图 7-5　"色阶"调整

图 7-6　效果图

7.1.2　自动对比度和自动颜色命令

　　执行"图像"|"调整"|"自动对比度"命令或快捷键 Alt+Ctrl+Shift+L 可以让系统自动调整图像亮部和暗部的对比度。将图像中最暗的像素变成黑色，最亮的像素变成白色，使看上去较暗的部分变得更暗，较亮的部分变得更亮，对比强烈。

　　执行"图像"|"调整"|"自动颜色"命令或快捷键 Ctrl+Shift+B，就可以对图像中的颜色进行校正。如图像有色偏、饱和度过高等均可以进行自动调整。

7.1.3　曲线命令

　　"曲线"命令是使用非常广泛的色调控制方式，功能强大，可进行较有弹性的调整。在"曲线"对话框中，可以在"曲线"色阶曲线上面修改 0～255 颜色范围内的任意点的颜色值，从而更加全面地修改图像的色调。

　　选择"图像"|"调整"|"曲线"命令或快捷键 Ctrl+M 打开"曲线"对话框，如图 7-7 所示。

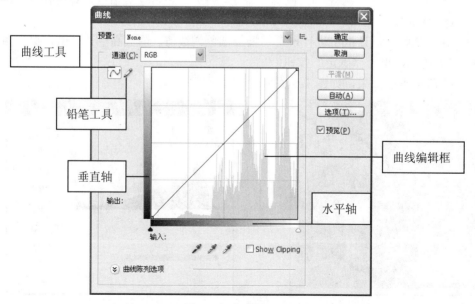

图 7-7　"曲线"对话框

（1）"通道"下拉列表框用来选择图像的通道。

（2）水平轴和垂直轴：

水平轴表示原图像的色调分布，垂直轴表示调整后图像的亮度、对比度和色彩平衡等效果。

（3）曲线和铅笔工具：

曲线工具 是默认工具，可以用它在曲线编辑框中在图像曲线上单击创建节点，拖动节点改变曲线的形状而产生色调变化。当曲线越向左上角弯曲，则图像色调越亮。反之变暗。

铅笔工具 可以在曲线编辑框中手动绘制色调曲线，如图 7-8 所示。然后单击右侧的"光滑"按钮，使绘制的色调曲线变为光滑的曲线。

（4）曲线上的控制点：

直接在曲线上单击，就可以新增一个控制点；按下 Shift 键+单击即可选择多个控制点，如图 7-9 所示。按住 Ctrl 键的同时单击节点可以删除该节点。

（5）"自动"按钮：可将对话框中的参数还原到系统默认状态。

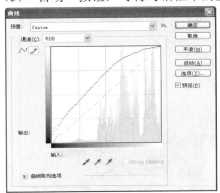
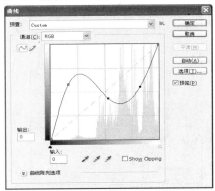

图 7-8　手动绘制色调曲线　　　　图 7-9　调节控制点

案例 7-2　使用曲线调整将灰、脏图像调整得色调明亮、颜色鲜艳。

操作步骤：

（1）打开"束花"图像，分析图像可以发现饱和度不够，高色调和低色调需要进行调整，如图 7-10 所示。

（2）选择"图像"|"调整"|"曲线"命令，打开"曲线"对话框，在曲线编辑框中将曲线左上角往左拖动，提高图像明度，如图 7-11 所示。

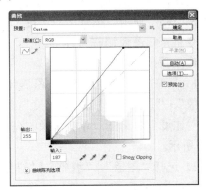

图 7-10　"束花"图像　　　　　图 7-11　"曲线"对话框

（3）单击"确定"按钮，图像效果如图 7-12 所示。

图 7-12　图像效果

（4）继续选择"图像"|"调整"|"曲线"命令，在曲线编辑框中将曲线左下角往右拖动，提高图像饱和度，如图 7-13 所示，单击"确定"按钮，效果如图 7-14 所示。

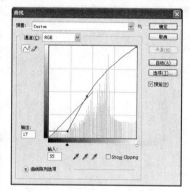

图 7-13　"曲线"对话框调整

图 7-14　效果图

7.1.4　亮度／对比度命令

使用"亮度／对比度"命令，可快速调整整个图像中的亮度和颜色对比度。拖动"亮度"滑块可以改变亮度，拖动"对比度"滑块可以改变对比度，调节的同时可以预览到图像亮度和对比度的变化，对话框如图 7-15 所示。

案例 7-3　使用"亮度／对比度"命令、"曲线"命令将一幅图像调整为夜景。

操作步骤：

（1）打开"植物"图像，如图 7-16 所示。选择"图像"|"调整"|"亮度对比度"命令，打开

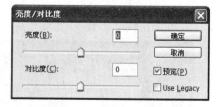

图 7-15　"亮度/对比度"命令

"亮度对比度"对话框，降低图像的亮度，增强图像的对比度。单击"确定"按钮，效果如图 7-17 所示。

（2）选择"图像"|"调整"|"曲线"命令，打开"曲线"对话框，在曲线编辑框中将曲线中间单击并向下拖动，降低图像明度，并将曲线右上角向下方拖动，降低图像色彩饱和度，如图 7-18 所示。单击"确定"按钮，图像效果如图 7-19 所示。

图 7-16　"植物"图像

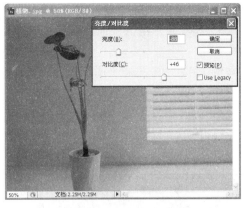

图 7-17　调整亮度对比度

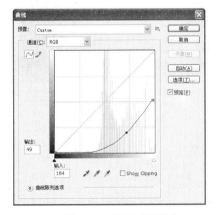

图 7-18　调整"曲线"

图 7-19　效果图

7.2　调整图像色彩

调整图像色彩有下列多种命令，确定一种适合的调整方式。

7.2.1　色彩平衡命令

"色彩平衡"命令会在彩色图像中改变颜色的混合，从而使整体图像的色彩平衡。

选择"图像"|"调整"|"色彩平衡"命令或快捷键 Ctrl+B，打开"色彩平衡"对话框，如图 7-20 所示。

使用方法如下：

（1）选取"暗调"、"中间调"或"高光"，以便选取要着重进行更改的色调范围。

（2）对于 RGB 图像应选取"保持亮度"，防止在更改图像时更改了图像中的光度值。

图 7-20　"色彩平衡"对话框

此选项可保持图像中的色调平衡。

（3）将三角形滑块拖向要在图像中增加的颜色，或将三角形滑块拖离要在图像中减少的颜色。

案例 7-4　通过色彩平衡命令，将蓝色玫瑰调整成红色玫瑰。

操作步骤：

（1）打开"蓝玫瑰"素材图像，如图 7-21 所示。选择"图像"｜"调整"｜"色彩平衡"命令，打开"色彩平衡"对话框，色调平衡选项中选择"中间调"，红色+100，绿色-53，蓝色-100，然后单击"确定"按钮，如图 7-22 所示。

图 7-21　"蓝玫瑰"素材　　　　　　　　　　图 7-22　色彩平衡

（2）再次打开"色彩平衡"对话框，色调平衡选项中选择"阴影"，红色+32，蓝色-32，然后单击"确定"按钮，如图 7-23 所示。

（3）再次打开"色彩平衡"对话框，色调平衡选项中选择"高光"，红色+100，绿色-41，蓝色-13，然后单击"确定"按钮，如图 7-24 所示。

图 7-23　色彩平衡　　　　　　　　　　　　图 7-24　色彩平衡及效果

7.2.2　色相／饱和度命令

色相／饱和度命令用来调整整个图像中颜色的色相、饱和度和亮度，还可以针对图像中某一种颜色成分进行调整。

选择"图像"|"调整"|"色相／饱和度"命令，打开"色相／饱和度"对话框，如图7-25所示。

提示：

（1）编辑：在"编辑"下拉列表框中选择需要进行颜色调整的像素，选择"全图"选项时，所进行的调整对图像中所有颜色的像素有效。选中其他各色彩时，色彩调整仅仅对该色彩的像素有效。

（2）色相：调节图像中一种颜色的色相，范围为–180～180。

（3）饱和度：增大或减少图像中一种颜色的饱和度，范围为–100～100。

图7-25　"色相／饱和度"对话框

（4）明度：调整颜色的亮度。最左边为黑色，最右边为白色。

（5）着色：将图像转化为单一色调。

案例7-5　通过"色相／饱和度"命令，将红苹果变成绿苹果。

操作步骤：

（1）打开"苹果"图像，使用磁性套索选取工具将苹果选区操作出来，注意把苹果柄选区从中减掉，如图7-26所示。

（2）选择"图像"|"调整"|"色相/饱和度"命令，打开"色相／饱和度"对话框，设置色相为113，饱和度为4。单击"确定"按钮，按Ctrl+D键取消选区，如图7-27所示。

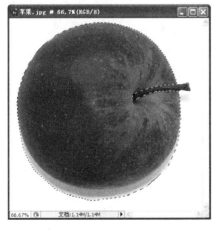

图7-26　"苹果"图像

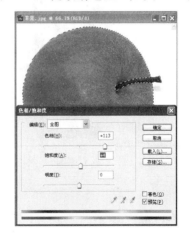

图7-27　调节色相／饱和度

（3）使用磁性套索选取工具绘制出苹果柄选区，再次选择"图像"|"调整"|"色相／饱和度"命令，打开"色相／饱和度"对话框，设置色相为42，如图7-28所示。单击"确定"按钮，按Ctrl+D键取消选区，如图7-29所示。

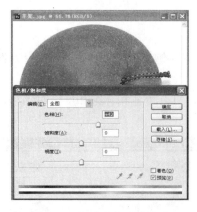

图 7-28　调节色相／饱和度　　　　　　　　　　　图 7-29　效果图

7.2.3　去色命令

利用"去色"命令可去除图像中选定区域或整幅图像的饱和度信息，即将图像中的所有颜色的饱和度都变为 0，将图像转变为彩色模式下的灰度图像。

提示：

"去色"命令不能直接处理灰度模式的图像。

案例 7-6　通过"去色"命令，将彩色照片处理为灰度照片。

操作步骤：

打开"时尚"图像，如图 7-30（a）所示，单击"图像"|"调整"|"去色"命令即可，效果如图 7-30（b）所示。

（a）原图　　　　　　　　　　　　　　（b）【去色】效果图

图 7-30　图像去色

7.2.4　匹配颜色命令

使用"匹配颜色"命令可以将当前图像中的颜色与另一个图像的颜色进行混合，来达到变化当前图像色彩的目的。

案例 7-7　使用"匹配颜色"命令将"雪景"图像与"心"图像进行颜色匹配。

操作步骤：

（1）打开两幅图像，一幅为"雪景"图像，一幅为"心"图像，如图 7-31 所示。

（a）"雪景"图像

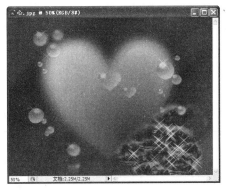

（b）"心"图像

图 7-31 原图

（2）选择"雪景"图像作为当前图像，选择"图像"|"调整"|"匹配颜色"命令，打开"匹配颜色"对话框，在"源"下拉列表框中选择参照图像文件为"心"图像。单击"确定"按钮，如图 7-32 所示。

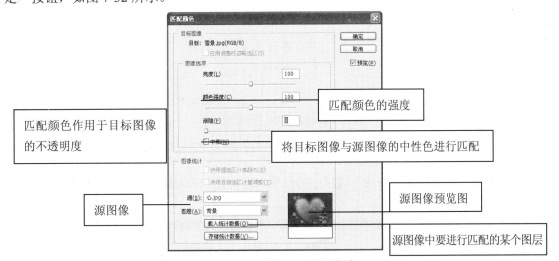

图 7-32 匹配颜色

（3）单击"确定"按钮，效果如图 7-33 所示。

7.2.5 替换颜色命令

"替换颜色"命令可以修整图像中的一种或几种选定的颜色，然后用修整后的颜色替换掉原来的颜色。

使用方法如下：

（1）打开需要调整的图像。

（2）选择"图像"|"调整"|"替换颜色"命令，打开"替换颜色"对话框。在对话框中设置好要调整的颜色区域，然后对选定的颜色进行色相、饱和度、

图 7-33 效果图

明度的调整。

（3）单击"确定"按钮。

提示：

对话框中间的预览区用于显示当前图像的颜色选区。其中，未选区域为黑色，选择区域
（也就是需替换颜色区域）为白色。

案例 7-8　使用"替换颜色"命令将"水果"图像中果实的颜色由红色变成紫色。

操作步骤：

（1）打开 "水果"图像，选择"图像" | "调整" | "替换颜色"命令，在图像窗口中
的果实上单击获取要替换的颜色，如图 7-34 所示。

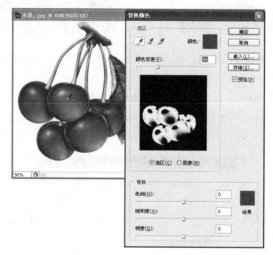

图 7-34　对图像"替换颜色"

（2）单击"选区"项中的按钮 ，在图像中果实没有被选取的颜色部位继续单击，观
察到对话框预览图中要替换的图像区域完全变白（变白表示完全选择）即可。

（3）拖动对话框中"替换"选项中的色相、饱和度中的滑块，调整颜色，单击"确定"
按钮，如图 7-35 所示。

图 7-35　调整颜色

7.2.6　可选颜色命令

利用"可选颜色"命令可以校正不平衡问题和调整颜色。

使用方法：

（1）打开要调整的图像。

（2）选择"图像"|"调整"|"可选颜色"命令，打开"可选颜色"对话框，如图 7-36 所示。从对话框顶部的"颜色"下拉列表中选择要调整的颜色。在对话框中拖动滑块或是在"青色"、"洋红"、"黄色"、"黑色"文本框中输入数值，以调整所选颜色的含量。

（3）单击"确定"按钮即可。

提示：

在"方法"区选择"相对"或"绝对"单选按钮。其中选择"相对"选项，表示按现有颜色

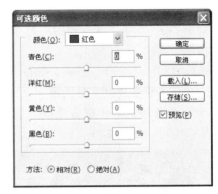

图 7-36　"可选颜色"对话框

总量的百分比来调整颜色。例如，如果从 50%洋红的像素开始添加 10%，则 5%会被添加洋红，结果为 55%的洋红。如果选中"绝对"选项，表示调整颜色的绝对值。例如从 50%洋红的像素开始添加 10%，则洋红红墨会被设置为 60%。

7.2.7　通道混合器命令

使用"通道混合器"命令，可分别对图像各通道的颜色进行调整。它可以选取每种颜色通道一定的百分比创建高品质的灰度图像、棕褐色调或者其他的彩色图像。

使用方法如下：

（1）打开要调整的图像，选择菜单"图像"|"调整"|"通道混合器"命令，打开"通道混合器"对话框，如图 7-37 所示。

（2）在"输出通道"下拉列表中选择要混合的颜色的通道，可拖动滑块调整该通道颜色在输出通道中所在的比例。单击"确定"按钮。

提示：

通道混合器命令只能用于 RGB 和 CMYK 模式，并且在执行之前必须选中"通道"控制调板中的主通道，而不能选中某一单色通道。

图 7-37　通道混合器命令

7.2.8　渐变映射命令

"渐变映射"命令主要功能是使用各种渐变模式对图像进行调整。

使用方法如下：

（1）打开要调整的图像，选择菜单"图像"|"调整"|"渐变映射"命令，打开"渐变

映射"对话框。

（2）在渐变列表中选择系统提供的渐变图案，可为图像重新添加渐变填充。单击"确定"按钮。

提示：

"渐变映射"功能不能应用于完全透明图层（图层中没有任何像素）。

案例 7-9　使用"渐变映射"命令将"宁静"图像颜色多样化，形成装饰画风格。

操作步骤：

（1）打开 "宁静"图像，如图 7-38（a）所示。选择"图像"|"调整"|"渐变映射"命令，打开"渐变映射"对话框。

（2）在渐变列表中选择系统提供的渐变图案，可为图像重新添加渐变填充。单击"确定"按钮即可，如图 7-38（b）所示。

（a）原图　　　　　　　　　　　　（b）应用"渐变映射"命令

图 7-38　为图像重新添加渐变填充

7.2.9　照片滤镜命令

选择"照片滤镜"命令可以使图像产生一种滤色效果。

使用方法如下：

（1）打开要调整的图像。

（2）选择"图像"|"调整"|"照片滤镜"命令，打开 "照片滤镜"对话框，如图 7-39 所示。在"使用"栏下选择一种滤镜方式或滤镜颜色，调整好滤镜的浓度。单击"确定"按钮即可。

提示：

"浓度"数值框用于控制着色的强度，数值越大，滤色效果越明显。

"保留亮度"用于控制调整后的图像是否保持整体亮度不变。

图 7-39　"照片滤镜"对话框

7.2.10 阴影／高光命令

选择"阴影／高光"命令可以使图像中的阴影和高光增加或减少。

使用方法如下：

（1）打开要调整的图像。

（2）选择"图像"|"调整"|"阴影/高光"命令，打开"阴影／高光"对话框，如图 7-40 所示。在"阴影"栏下调整阴影量，在"高光"栏下调整高光量即可。单击"确定"按钮即可。

图 7-40　"阴影／高光"对话框

7.2.11 曝光度命令

选择"曝光度"命令可以通过调整图像曝光来调整图像色彩。

在打开的"曝光度"对话框中，设置曝光度、位移、灰度系数即可，如图 7-41 所示。

图 7-41　"曝光度"对话框

7.2.12 反相命令

利用"反相"命令将图像中或选区内的所有颜色转换为互补色，如白变黑、黑变白等，快捷键 Ctrl+I。看起来就像是该图片的照片底片。用户可再次执行该命令来恢复原图像，如图 7-42 为图像局部应用反相效果。

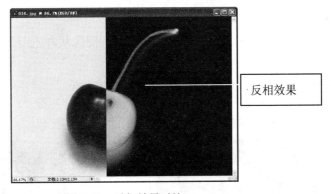

反相效果

图 7-42　反相效果对比

7.2.13 色调均化命令

"色调均化"命令用来均匀图像的亮度。原理是将图像中最亮的像素转化为白色，最暗的像素变为黑色，中间像素则均匀分布。总之目的是让色彩分布更平均，从而提高图像的对比度和亮度。

使用方法：

打开调整图像，选择"图像"|"调整"|"色调均化"命令即可，如图 7-43 所示。

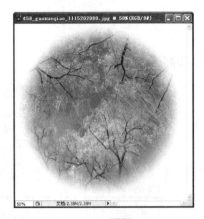
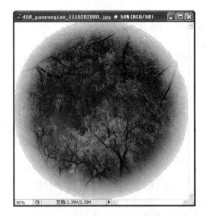

（a）原图　　　　　　　　　　（b）使用色调均化命令后效果图

图 7-43　图像调整

7.2.14　阈值命令

利用"阈值"命令可以将彩色图像或灰度图像转换为高对比度的黑白图像。

使用方法：

打开调整图像，选择 "图像"|"调整"|"阈值"
命令，打开"阈值"对话框，如图 7-44 所示。设置
好阈值色阶数值，单击"确定"按钮即可。

提示：

阈值色阶在 1～255 范围内取值，所有比该阈值
亮的像素会被转换为白色，所有比该阈值暗的像素会
被转换为黑色。

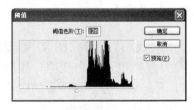

图 7-44　"阈值"对话框

案例 7-10　使用"阈值"命令将"热气球"图像从彩色图像调整成为对比强烈的黑白
装饰风格图像。

操作步骤：

打开"热气球"图像，如图 7-45（a）所示。选择"图像"|"调整"|"阈值"命令，打
开"阈值"对话框，设置阈值色阶为 96，单击"确定"按钮即可，如图 7-45（b）所示。

（a）原图　　　　　　　　　　（b）效果图

图 7-45　图像前后变化

7.2.15　色调分离命令

"色调分离"命令用来在图像中减少色调，可以在"色阶"文本框中设置图像的色调数值。数值越大，图像的色调越多，反之色调越少。

使用方法如下：

打开要调整的图像，选择"图像"|"调整"|"色调分离"命令，打开"色调分离"对话框，如图 7-46 所示。设置色阶数值，单击"确定"按钮即可。

图 7-46　"色调分离"对话框

7.2.16　变化命令

"变化"命令可以很直观地调整图像或选取范围内图像的色彩平衡、对比度和饱和度，可以更精确、方便地调节图像颜色。

执行"图像"|"调整"|"变化"命令，打开"变化"对话框，如图 7-47 所示。可以一边调整一边观察比较图像的变化。

提示：

（1）"变化"对话框上方的四个单选按钮用于对图像中需要调整部分的像素进行选择。

（2）"精细/粗糙"滑块用于设置每次调整的数量。

（3）在对话框左下角的七个图像中，"当前挑选"预览图用于显示调整后的图像，另外六个预览图用于调整颜色（如更蓝、更黄等）。通过单击调整图像的色彩。

（4）单击"原稿"预览图，可以使图像恢复到编辑前的状态，重新对其进行调整。

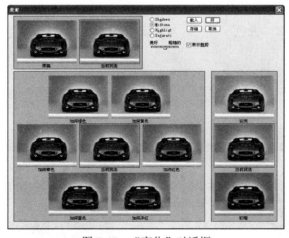

图 7-47　"变化"对话框

本章小结

本章详细介绍了图像的色彩色调调整技巧，图像色彩调整是使用 Photoshop 软件时常用的功能之一，要使画面色彩修饰达到预想的目的，需要多进行操作练习来熟练掌握。

习题与应用实例

一、习题

1．填空题

（1）____命令不但能调整图像的色彩平衡，而且能调整对比度和饱和度。

（2）____命令可以将彩色图像转换为彩色模式的灰度图像。

（3）____命令可以将彩色或灰度图像转换为高对比度的黑白图。

（4）可以将黑白图像变成彩色图像的命令是____。

（5）____、____、____是颜色的三种属性。

2．选择题

（1）可以将图像中减少色调的命令是（　　　）。

A．变化　　　　B．去色　　　　C．亮度／对比度　　　D．色调分离

（2）选择（　　　）命令可以使图像中的阴影和高光增加或减少。

A．阴影／高光　　B．去色　　　　C．亮度／对比度　　　D．色调分离

（3）（　　　）命令可以修整图像中的一种或几种选定的颜色，然后用修整后的颜色替换原来的颜色。

A．变化　　　　B．可选颜色　　　C．替换颜色　　　　D．色彩平衡

（4）（　　　）命令用来均匀图像的亮度。

A．色调均化　　B．阈值　　　　C．亮度／对比度　　　D．色阶

（5）利用（　　　）命令能将图像中或选区内的所有颜色转换为互补色，如白变黑。

A．曲线　　　　B．去色　　　　C．反相　　　　　　D．色调分离

二、应用实例

1．给如图 7-48 所示中的雄鹰操作一个熊熊火焰效果的背景，并使雄鹰与背景色调协调，效果如图 7-49。

　　　　　图 7-48　原图　　　　　　　　　　　　图 7-49　效果图

提示：

（1）新建一个文件，名称"火焰"，宽度 850 像素，高度 576 像素，分辨率 72 像素/

英寸。使用默认黑白前景背景色，选择工具箱中的渐变工具使用线形渐变，在图像中操作黑白渐变效果。

（2）选择菜单"滤镜"|"渲染"|"分层云彩"命令，然后多次按 Ctrl+F 组合键，重复操作分层云彩命令。

（3）按下 Ctrl+I 组合键，将图像色彩反转。然后选择"图像"|"调整"|"色相／饱和度"命令，在打开的对话框右下角选择"着色"选项，然后设置色相 0，饱和度 100，明度 −26，单击"确定"按钮即可得到熊熊火焰效果。

（4）打开素材"雄鹰"图像文件，使用工具箱中的移动工具 将图像中的雄鹰拖动到刚才操作的火焰图像文件中即可。

（5）观察分析雄鹰图像呈蓝色调，背景呈红色调，二者之间色彩需要协调。选择"图像"|"调整"|"照片滤镜"，在打开的照片滤镜对话框中，"滤镜"栏选择红色，浓度 100%，单击"确定"按钮即可。

2．使用如图 7-50（a）、7-50（b）的素材文件"红叶"和"家"两个图像进行颜色匹配，并操作出装饰画效果，如图 7-51 所示。

（a）"红叶"图像

（b）"家"图像

图 7-50

图 7-51　效果图

提示：

（1）打开素材"家"和"红叶"两个图像文件，选择"家"图像为当前图像，选择"图像调整"|"匹配颜色"命令，在打开的匹配颜色对话框中，"源"的下拉列表中选择"红叶"，单击"确定"按钮即可。

（2）选择"图像调整"|"色调分离"命令，在打开的色调分离对话框中，色阶数量为 4，单击"确定"按钮即可完成。

第八章　图层的使用

【学习要点】
- 使用图层控制调板的基本操作和管理
- 掌握图层混合模式的使用技巧
- 应用图层样式，实现特殊的图层效果
- 图层蒙版的应用

图层是 Photoshop 中很重要的功能。建立独立的图层，可以使用户对每一图层中的图像进行各种绘图、修改、编辑操作，而这些处理不会影响到其他图层，丰富的图层功能还可以方便地进行各种图像的编辑、合成及特殊效果的制作。

8.1　认识图层

8.1.1　认识图层

运用图层，就好比将一张张透明或半透明的图片叠加起来，形成一幅新图像。在这里，可以将每一张透明或半透明的图片看作是一个图层，形成的新图像就是由若干个图层组合而成的。

图层的特点：

（1）在 Photoshop CS3 中新建文件时，图像文件中将自动包含一个"背景"图层。"背景"图层是被锁定的，在未被转化为普通层以前，不能调换图层顺序，也不能更改图层模式和不透明度。

（2）可以对任意一个普通图层进行拖动、剪切、复制、粘贴或重新编辑图层元素，还可以应用图层蒙版、调整图层、图层样式等特殊功能，而丝毫不会影响其他图层，在合并图层之前，每个图层都是彼此独立的。

（3）图层中有图像的部分不透明可以调节，没有图像的部分则是完全透明的。

（4）在一幅图像中，最多可以包含 100 个图层。这些图层都具有同样的分辨率和颜色模式。

8.1.2　"图层"控制调板

对图层的编辑处理，既可以通过图层菜单中的命令来实现，也可以使用"图层"控制调板进行操作管理。

1."图层"控制调板

使用图层调板，可以针对图层进行创建、删除、复制、合并等操作。可以选择菜单"窗口" | "图层"命令，或按 F7 键来打开"图层"控制调板，如图 8-1（b）所示。

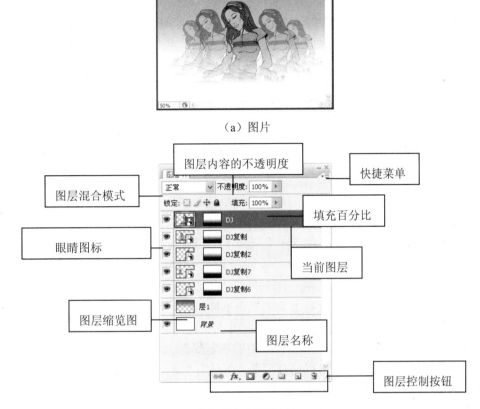

（a）图片

（b）图片的图层调板

图 8-1 "图层"控制调板

图层调板中各选项含义如下：

（1）图层名称：如果在建立图层时没有命名，Photoshop 会默认为"图层 1"、"图层 2"等顺序命名。

（2）图层缩览图：显示当前图层中图像的缩览图。

（3）眼睛图标：显示图层内容。单击【眼睛图标】可以切换显示或隐藏状态。

（4）当前图层：表示该图层现在处于编辑状态，缩览图右侧以蓝底白字显示。切换当前图层时，只需单击图层名称或缩览图像。

（5）锁定：可锁定图层的相关操作，以保护图像。它有下列四个选项。

▣"锁定透明像素"：单击此按钮，可锁定该图层的透明部分，使其不被编辑。

✎"锁定图像像素"：单击此按钮，绘图工具在该图层中显示为 ⊘，进入不能编辑状态。

✛"锁定位置"：单击此按钮，该图层中的图像位置将不能移动。

🔒"锁定全部"：单击此按钮，将锁定该图层或图层组的所有属性。

（6）不透明度：用于设置图层内容的不透明度。

（7）填充：也可控制图层内容的不透明度，但在改变图像透明度时不会改变添加的图层效果。

（8）图层控制按钮：图层调板下方的控制按钮及功能分别是：链接图层 ⛓、添加图层

样式 **fx.**，添加图层蒙版 **◻**，创建新的填充或调整图层 **◐.**、创建新组 **▢**、创建新图层 **◪**、删除图层 **🗑**。

　　在对图层操作时，一些常用的控制命令，如新建、复制和删除图层等可以通过"图层"调板菜单中的命令来完成，这样可以大大提高工作效率。

8.2　新建图层

8.2.1　新建普通图层

1．通过图层调板创建新图层

　　新建普通图层，单击图层调板上的创建新图层按钮 **◪**，可以在当前图层上面建立一个新的空白图层，并且该图层处于当前被选择状态。Photoshop 会按照"图层 1"、"图层 2"等顺序来默认命名，如图 8-2 所示。

2．通过菜单创建新图层

　　使用方法如下：单击图层调板右上角的三角形按钮 **▼≡**，打开快捷菜单，选择"新建图层"命令，在打开的新建图层对话框中可以设置图层名称、图层在调板中的指定颜色、混合模式、不透明度等属性。也可以选择菜单"图层"|"新建"|"图层"命令，打开新建图层对话框属性设置同上，如图 8-3 所示。

图 8-2　创建新图层

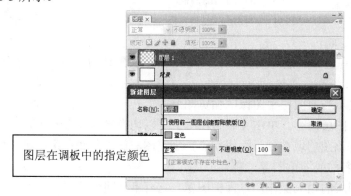

图 8-3　通过菜单创建新图层

8.2.2　新建填充图层

　　创建填充图层，可以对图像创建纯色、图案、渐变填充图层。

1．新建纯色填充图层

　　新建纯色填充图层就是用一种颜色填充一个新建的空白图层。

　　创建填充图层的步骤如下：

　　（1）选择菜单"图层"|"新建填充图层"|"纯色"命令，或者单击"图层"调板中的

图层控制按钮 ，选择"纯色"命令，则会打开一个"新建图层"对话框，在对话框中进行图层名称命名等属性设置，单击"确定"按钮。

（2）在打开的"拾色器"对话框中选取填充颜色，单击"确定"按钮即可。

2．新建渐变填充图层

创建渐变填充图层的步骤如下：

（1）选择菜单"图层"|"新建填充图层"|"渐变"命令，或者单击图层调板中的图层控制按钮 ，选择"渐变"命令，则会打开一个"新建图层"对话框，在对话框中进行图层名称命名等属性设置，单击"确定"按钮。

（2）在打开的"渐变填充"对话框中选择一种颜色渐变，设置好样式、角度、缩放百分比等属性，单击"确定"按钮即可，如图8-4所示。

3．新建图案填充图层

创建图案填充图层的步骤如下：

（1）选择菜单"图层"|"新建填充图层"|"图案"命令，或者单击图层调板中的图层控制按钮 ，选择"图案"命令，则会打开一个"新建图层"对话框，在对话框中进行图层名称命名等属性设置，单击"确定"按钮。

图 8-4 新建填充图层

（2）在打开的"图案填充"对话框中选择一种图案，设定缩放百分比，单击"确定"按钮即可，如图8-5所示。

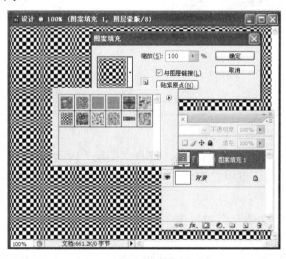

图 8-5 新建图案填充图层

案例 8-1 新建一个透明背景的图像文件，创建一个新图层重新命名，在图层调板中呈蓝色显示，再创建一个渐变图层，然后进行图像合成。

操作步骤：

（1）选择"文件"|"新建"命令，在打开的"新建"对话框中进行设置，名称"花卉"，宽度 670 像素，高度 944 像素，分辨率 72 像素／英寸，背景内容为透明，单击"确定"按

钮，如图 8-6 所示。

　　（2）选择"图层"|"新建"|"图层"命令，打开"新建图层"对话框，设置图层名称为"灰白渐变"，在"图层"控制调板中的显示颜色为蓝色，单击"确定"按钮，如图 8-7 所示。

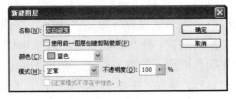

　　　图 8-6　"新建文件"对话框　　　　　　　　图 8-7　"新建图层"对话框

　　（3）设置前景色为灰色（#959595），背景色白色，选择工具箱中的渐变工具，在工具属性栏中设置渐变样式为从前景色到背景色，渐变类型为线形渐变，如图 8-8 所示，使用渐变工具在图像窗口中进行拖动，如图 8-9 所示。

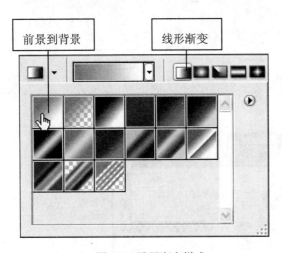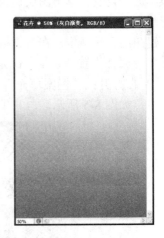

　　　　　图 8-8　设置渐变样式　　　　　　　　　　图 8-9　制作渐变

　　（4）设置前景色为橙色（# f9a109），选择"图层"|"新建填充图层"|"渐变"命令，在打开的"新建图层"对话框中设置名称为"渐变"，单击"确定"按钮，如图 8-10（a）所示。

　　（5）在打开的"渐变填充"对话框中设置渐变类型为条形，缩放比例 36%，单击"确定"按钮可，如图 8-10（b）所示。

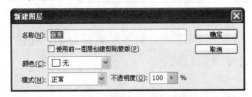

　（a）新建渐变填充图层　　　　　　　（b）渐变填充对话框

图 8-10　新建填充图层

（6）选择"滤镜"|"杂色"|"添加杂色"命令，参数设置：数量 400%，平均分布，如图 8-11（a）所示。打开素材文件"001"，使用工具箱中的移动工具 将素材图像拖动到"花卉"图像窗口中，释放鼠标即可，如图 8-11（b）所示。

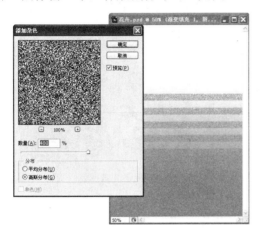

（a）添加杂色对话框　　　　　　　　　（b）图像移动到窗口

图 8-11　图像效果

案例 8-2　创建一个图案填充图层给图像文件添加背景图案。

操作步骤：

（1）选择"文件"|"新建"命令，在打开的"新建"对话框中进行设置，命名为"风景"，宽度 25 厘米，高度 20 厘米，分辨率 72 像素/英寸，单击"确定"按钮，如图 8-12 所示。

（2）单击"图层"控制调板底部的"创建新的填充或调整图层"按钮 ，在弹出的子菜单中选择"图案"命令，在打开的"图案填充"对话框中设置填充类型为金属风景，缩放比例为 15%，单击"确定"按钮，如图 8-13 所示。

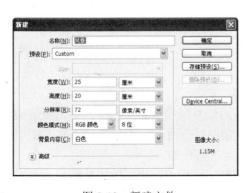

图 8-12　新建文件　　　　　　　　　　　　　图 8-13　图案填充

（3）打开素材文件"002"，使用工具箱中的移动工具将素材图像拖动到"风景"图像窗口中央，释放鼠标。设置前景色浅灰色（#c9c9c9），选择菜单"编辑"|"描边"命令，

如图 8-14 所示。设置参数为：描边宽度 15px，颜色前景色，位置居外，最终效果如图 8-15
所示。

图 8-14　描边设置　　　　　　　　　　　　　　图 8-15　效果图

8.2.3　新建调整图层

在图像窗口内创建调整图层，主要是可以调节其下所有图层中图像的色阶、亮度和饱和
度等，并单独生成一个色彩调整图层。这样既避免了对原始图像的直接修改，又增强了调整
图像色调和色彩的灵活性。

创建调整图层的步骤如下：

（1）选择"图层"|"新建调整图层"命令，或单击图层调板中的控制按钮 ，在弹
出的子菜单中选择调整命令。

（2）在打开的相应色彩调整命令对话框中进行设置，单击"确定"按钮即可。

8.3　图层的编辑操作

图层的编辑操作包括复制和删除图层、图层顺序的调整、图层的链接和合并、图层的对
齐与分布等。

8.3.1　复制图层

复制图层可以使用下列方法：

（1）使用图层调板菜单：在图层调板中选择需要复制的图层为当层，单击图层调板右
上角的三角形按钮 ，在快捷菜单选中选择"复制图层"命令，在打开的"复制图层"对
话框中设置图层命名，如图 8-16 所示。单击"确定"按钮即可。

（2）按下鼠标左键将需要复制的图层拖动到图层调板"创建新图层"按钮 上，也可
复制该图层，如图 8-17 所示。

（3）使用快捷键：在图层调板中选择需要复制的图层为当层，按 Ctrl+J 组合键可复
制该图层。

图 8-16　使用图层调板菜单复制图层　　　图 8-17　通过"创建新图层"按钮复制图层

案例 8-3　复制新图层并水平反转，使用新建调整图层进行色调调整。

操作步骤：

（1）打开"人物"图像，在"图层"控制调板中的"图层 1"上面右键单击，在弹出的快捷菜单中选择"复制图层"命令，在打开的"复制图层"对话框中，设置图层名称为"图层 2"，单击"确定"按钮，如图 8-18 所示。

（2）选择"编辑"|"变换"|"水平翻转"命令，将图层 2 图像水平翻转，然后使用工具箱中的移动工具将图像向右移动，如图 8-19 所示。

图 8-18　复制图层

图 8-19　水平翻转效果

（3）为了使人物与背景更加协调，进行色调调整。单击"图层"控制调板底部的"创建新的填充或调整图层"按钮，在弹出的子菜单中选择"照片滤镜"命令，在打开的"照片滤镜"对话框中设置参数：滤镜为蓝色，浓度为 25%，如图 8-20 所示。单击"确定"按钮。

8.3.2　删除图层

删除图层常用的几种方法：

（1）按鼠标左键将要删除的图层拖动到图层调板"删除图层"按钮上，可删除该图层。

（2）选中所要删除的图层后，单击按钮，此时弹出询问对话框，单击"是"来确定删除图层即可，如图 8-21 所示。

图 8-20　"照片滤镜"调整

（3）通过菜单命令来删除图层。选中所要
删除的图层后，选择"图层"|"删除"|"图层"
命令即可。

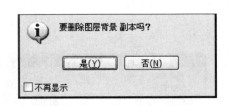

图 8-21　删除图层提示

8.3.3　图层的移动与顺序的调整

1．移动图层内的图像

要移动图层中的图像，可以使用移动工具
来移动。

在图层调板中选择需要移动的图层，选择工具箱中的移动工具，在图像窗口中按鼠标左键并拖动，可将图层内图像移动到指定位置；如果是要移动图层中图像的某一部分，则必须先选取范围后，再使用移动工具进行移动，如图 8-22 所示。

2．图层顺序的调整

图像内的图层总是自上而下地叠放在一起，上面的图层总是遮盖其底下的图层。在编辑图像时，可以调整各图层之间的排列顺序来实现最终效果。

调整图层排列顺序的常用方法有下列几种：

（1）在图层调板中选择需要调整排列顺序的图层，选择菜单"图层"|"排列"子菜单下的命令来调整图层顺序即可，如图 8-23 所示。

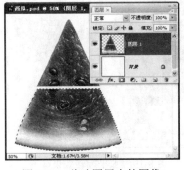

图 8-22　移动图层内的图像　　　　　　　图 8-23　排列顺序的常用方法

（2）在图层调板中将鼠标移至要调整次序的图层上，如图 8-24（a）所示。拖动鼠标至需要的位置，释放鼠标即可，如图 8-24（b）所示。

（a）选择要调整次序的图层　　　　　　　（b）移动图层位置

图 8-24　调整图层次序

8.3.4 链接与合并图层

1. 链接图层

链接图层是将相关的图层链接到一起，可以同时对链接的多个图层进行移动、变换等操作。

链接图层操作方法如下：要进行图层链接，首先在图层控制调板中选定一个图层，同时按 Ctrl 键单击要链接的其他图层，选择菜单"图层"|"链接图层"命令，或单击"图层"控制调板底部的按钮 ，当出现 图标时，表示该图层和当前图层链接到一起。

如果要取消图层之间的链接，单击"图层"控制调板底部的按钮 即可。

2. 图层合并

当图像文件中有多个图层时，所占用的磁盘空间也就越多。所以，为了减少文件所占用的磁盘空间，我们就需要将一些图层进行合并。

图层的合并有以下几种方法。

（1）向下合并：选择"图层"|"向下合并"命令，或者按 Ctrl+E 组合键，将当前图层和与其下一层合并为一个层，如图 8-25 所示。

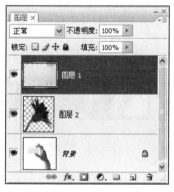

（a）选择要向下合并的图层　　　　　　（b）向下合并

图 8-25　向下合并图层

（2）合并图层：选择"图层"|"合并图层"命令，将当前选择的多个图层合并成为一个图层，如图 8-26 所示。

（a）选择多个图层　　　　　　　　（b）合并图层

图 8-26　图层的合并

（3）合并可见层：选择"图层"|"合并可见层"命令，将所有可见图层合并成为一个图层，如图 8-27 所示。

（a）设置可见和不可见图层　　　　　　　　（b）合并可见层

图 8-27　可见层的合并

（4）拼合图像：选择"图层"|"拼合图像"命令，将合并所有的图层为背景层，隐藏图层将会被扔掉，如图 8-28 所示。

（a）图层调板　　　　　　　　　　　　　（b）拼合图像

图 8-28　拼合图像

8.3.5　图层的对齐与分布

在 Photoshop CS3 中，为了实现精确的移动，可以将选择的多个图层进行对齐和分布。

1．对齐图层

对齐图层的方法如下：

同时选择多个图层，或者在链接图层中有任意一个为当前层，然后选择菜单"图层"|"对齐"命令，在弹出的子菜单中选择相应的对齐命令即可，如图 8-29 所示。

提示：

（1）当在图像中建立选区，"对齐"命令将自动变为"将图层与选区对齐"命令。

（2）选择工具箱中的移动工具，同时选择多个图层，然后在其工具属性栏中选择相应的对齐按钮也可以对齐图层，如图 8-30 所示。

图 8-29　对齐图层的方法　　　　　　　　　　图 8-30　对齐按钮

2. 分布图层

使用"分布图层"命令可以等距分布多个同时选择的图层或链接图层。

分布图层的方法如下：

同时选择多个图层，或者在链接图层中有任意一个为当前层，然后选择菜单"图层"|
"分布"命令，在弹出的子菜单中选择相应的分布命令即可，如图 8-31 所示。

提示：

选择工具箱中的移动工具 ，同时选择多个图层，然后在其工具属性栏中选择相应的
分布按钮也可以分布图层，如图 8-32 所示。

图 8-31　分布命令　　　　　　　　　　　图 8-32　分布按钮

案例 8-4　给打开的"茶杯"图像制作条形背景，将复制的多个图层进行对齐与分布。

操作步骤：

（1）打开"茶杯"图像，如图 8-33 所示。按 **Ctrl** 键单击图层控制调板下方的"创建新
图层"按钮 ，在"茶杯"图层下方创建新图层"图层 1"，命名为"背景"，并填充颜色（#c9c9c9），
如图 8-34 所示。

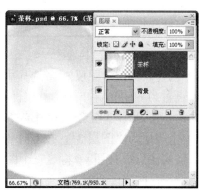

图 8-33　"茶杯"图像　　　　　　　　　　图 8-34　创建新图层

（2）选择"茶杯"图层为当前工作图层，单击左侧的眼睛图标，呈关闭状态，将"茶杯"图层隐藏。创建新图层"图层 1"，单击工具箱中的矩形选区工具⬚，在图像窗口绘制一个矩形选区，并填充颜色（# 8c97cb），如图 8-35 所示。

图 8-35　绘制矩形条

（3）创建新图层"图层 2"，选择菜单"选择"|"变换选区"命令，在工具属性栏中将垂直比例设置为 70%，如图 8-36 所示。并单击工具属性栏右侧的按钮✔进行"确认"。然后给选区填充颜色（#c9c9c9），如图 8-37 所示。

图 8-36　变换选区

图 8-37　图像效果

（4）创建新图层"图层 3"，选择菜单"选择"|"变换选区"命令，在工具属性栏中将垂直比例设置为 60%，并单击工具属性栏右侧的按钮✔进行"确认"。然后给选区填充颜色（#d1c0a5）。按 Ctrl+D 组合键取消选择，如图 8-38 所示。

（5）当前层为"图层 3"，按 Ctrl 键单击选择"图层 2"、"图层 1"，单击图层控制调板下方的"链接图层"按钮👄将这三个图层链接，如图 8-39 所示。选择"编辑"|"变换"|"缩放"命令，将链接图层进行缩放到合适大小，并单击工具属性栏右侧的按钮✔进行"确认"。选择"图层"|"合并图层"命令，将链接图层合并，如图 8-40 所示。

图 8-38　变换选区并填充

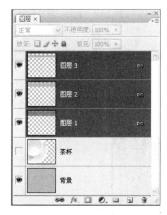

图 8-39　链接图层

图 8-40　合并图层

（6）按 Ctrl+J 组合键，对"图层 3"进行复制，生成 "图层 3 副本"，选择工具箱中的移动工具 ，将其向下移动，按照上述复制图层的步骤，继续复制 2 次，并移动位置到合适位置，如图 8-41 所示。

（7）当前层为"图层 3 副本 3"，按 Ctrl 键单击选择"图层 3 副本 2"、"图层 3 副本"、"图层 3"，选择"图层"|"对齐"|"左边"命令，将四个选中的图层进行左边对齐，如图8-42 所示。

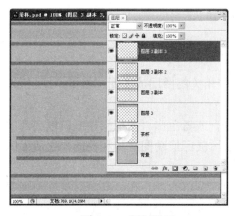

图 8-41　复制图层

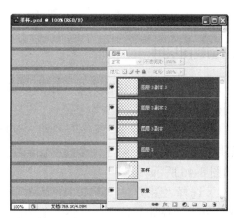

图 8-42　图层对齐

（8）选择"图层"|"分布"|"垂直居中"命令，将四个选中的图层进行垂直居中分布，如图 8-43 所示。

（9）选择"茶杯"图层为当前工作图层，单击左侧的眼睛图标，将"茶杯"图层显示。选择"图层"|"排列"|"置为顶层"命令，最终效果如图 8-44 所示。

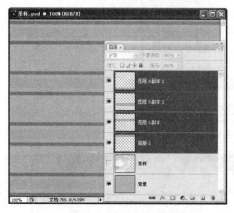
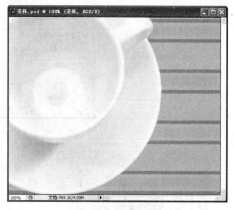

　　　图 8-43　垂直居中分布　　　　　　　　　　　　图 8-44　效果图

提示：如果将"图层 3"继续复制，并旋转 90°，可制作垂直条纹背景，要注意图层的排列顺序，效果如图 8-45 所示。

图 8-45　效果图

8.3.6　创建图层组

针对图层特别多的图像来说，用户可以把一些相关的图层放在图层组中，便于管理。

创建图层组的常用方法如下：

（1）选择"图层"|"新建"|"组"菜单命令，或者单击"图层"控制调板底部的按钮 ▢，可以在图层调板中创建一个新的图层组。可以用鼠标拖动图层将相关的图层放入图层组中，如图 8-46 所示。

（2）选择"图层"|"新建"|"从图层新建组"菜单命令，在打开的对话框中设置图层组名称，单击"确定"按钮，可将当前图层或同时选择的多个图层添加到新的图层组，如图 8-47 所示。

（a）创建图层组

（b）拖动图层放入图层组

图 8-46 图层组的使用

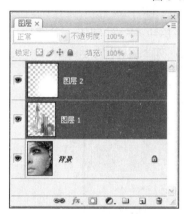
（a）选择图层

（b）从图层新建组

图 8-47 从图层新建组

（3）选择"图层"|"新建"|"图层编组"菜单命令，可将当前图层或同时选择的多个图层自动添加到新的图层组中。

提示：

为了节省调板中的空间，在不需要对该图层组中的图层进行编辑时，可以单击图层组中的按钮▼，将图层组折叠，再次单击按钮▼，可将其展开，如图 8-48 所示。

（a）展开的图层组

（b）折叠的图层组

图 8-48 图层组的展开与折叠

8.4　图层混合模式

图层混合模式在图像合成中占有较为重要的作用。通过对图层不透明度和混合模式的调整，可以使画面出现丰富的视觉效果。

8.4.1　调整图层不透明度

不透明度用于调整各图层中图像的显示关系。当不透明度为 100%时，当前图层的图像完全不透明，当不透明度为 0%时，当前图层的图像完全透明。

调节图层不透明度的使用方法如下：

（1）在"图层"控制调板中选择要调整不透明度的图层。

（2）单击"图层"控制调板右上角的小三角形按钮，会弹出一个滑块，拖动滑块，或在该选项的文本框中输入数值，来控制不透明度，如图 8-49 所示。

图 8-49　调整不透明度

提示：

调整图层的不透明度也可以按键盘上的 0～9 数字键，1～9 键分别对应 10%～90%的不透明度，0 键为 100%的不透明度。

8.4.2　调整图层混合方式

图层混合模式，是使用不同的计算方法来进行图像合成的相互混合方式。图像合成后的效果将改变图像的亮度、色调及饱和度，但并不影响图层的原始图像。

调节图层混合方式的使用方法如下：

（1）在"图层"控制调板中选择要调整混合方式的图层。

（2）单击"图层"控制调板中"正常"模式下拉列表，可打开模式选项，如图 8-50（a）所示。选择其中任意一种模式，都将改变当前的显示模式。如图 8-50（b）所示是正常图层模式下的图像显示，调板中图层 2 的"不透明度"为 85%。如图 8-50（c）～（h）所示是不同图层模式下的图像显示。

（a）模式下拉列表　　　　　　　（b）正常图层模式下的图像效果

（c）变暗模式　　　　　（d）颜色加深模式　　　　　（e）柔光模式

（f）亮光模式　　　　　（g）差值模式　　　　　（h）饱和度模式

图 8-50　图层混合方式

案例 8-5 将选区内的图像分别复制粘贴到其他图像中，通过改变混合模式来达到不同的艺术效果。

操作步骤：

（1）打开"红苹果"图像，观察到两条辅助线把画面分割为四部分。选择工具箱中的矩形选区工具 ，框选画面四分之一，选择"编辑"|"复制"命令将选区内的图像复制到剪贴板上。如图 8-51 所示。

（2）打开"花朵"图像，按 Ctrl+V 命令，将剪贴板中的图像粘贴到画面中，使用工具箱中的移动工具 ，移动到画面四分之一处。在图层控制调板中将新生成的图层混合模式更改为亮度方式，如图 8-52 所示。

图 8-51　图像复制　　　　　　　　　　图 8-52　图层混合模式更改

（3）依照步骤 2 继续完成其他三部分图像的操作，各选择合适的图层混合模式即可，如图 8-53 所示。

图 8-53　各图层混合模式更改

8.5　为图层添加特殊效果

要为图层添加丰富的特殊效果，可以使用图层样式。

添加特殊效果的方法如下：

（1）选择菜单"图层"|"图层样式"命令，在弹出的子菜单中选择相应的图层样式命令。

（2）单击"图层"调板下方的"添加图层样式"控制按钮 **fx.**，在弹出的子菜单中选择相应的图层样式命令。

（3）在"图层"调板中双击图层缩览图或双击图层名称右侧的空白区域，在打开的图层样式对话框中选择相应的图层样式命令。

8.5.1　投影与内阴影效果

投影与内阴影效果都可以为图层内容添加投影效果。

投影是在图层内容后产生阴影，模拟物体受光产生投影的视觉效果；而内阴影则是在图层内容的边缘内部添加阴影，产生凹陷的效果。这两种图层样式只是产生的位置不同，投影原理是一样的。

使用方法如下：选择要添加投影的图层，选择"图层"|"图层样式"|"投影"命令，在打开的图层样式对话框中设置投影效果的各项参数即可，如图 8-54 所示。

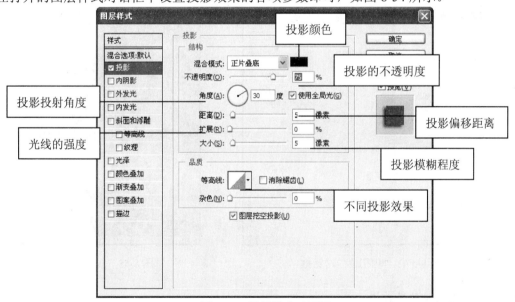

图 8-54　图层样式对话框

提示：

内阴影效果的使用方法同投影效果一致。

（1）"混合模式"：投影与图像的图层混合模式。

（2）"使用全局光"：设置图像中的所有图层样式的光线投射角度相同。

案例 8-6　给图像的指定图层添加投影和内阴影效果。

操作步骤：

（1）打开"拼图"图像，选择"人物"图层为当前层，选择"图层"|"图层样式"|"投影"命令，在打开的投影对话框中设置混合模式为"柔光"，不透明度 80%，角度为 90°，距离为 17 像素，扩展 82%，如图 8-55 所示，画面效果如图 8-56 所示。

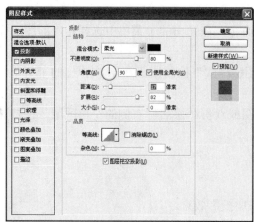

图 8-55　"投影"对话框

图 8-56　画面效果

（2）单击对话框中的"内阴影"名称，打开"内阴影"对话框，设置内阴影颜色（#b5b9fa）角度 90°，距离 270 像素，单击"确定"按钮，如图 8-57 所示，画面效果如图 8-58 所示。

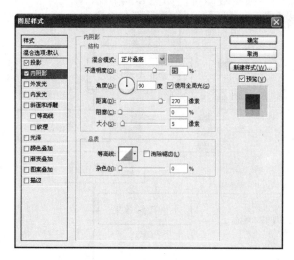

图 8-57　"内阴影"对话框

图 8-58　画面效果

8.5.2　外发光和内发光效果

外发光和内发光效果都可以为图层内容添加发光效果。外发光效果是在图层内容外边缘添加发光效果，内发光效果是在图层内容内边缘添加发光效果。

使用方法如下：选择要制作发光效果的图层，选择"图层"|"图层样式"|"外发光"命令，在打开的图层样式对话框中设置发光效果的各项参数即可，如图 8-59 所示。

提示：

在内发光效果的图层样式对话框中的"源"选项，"居中"表示从图层内容的中心发光；"边缘"表示从图层内容的边缘发光。

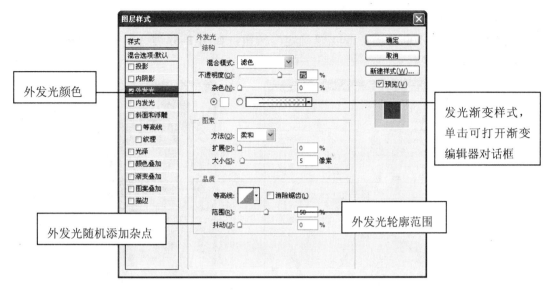

外发光颜色

发光渐变样式，单击可打开渐变编辑器对话框

外发光随机添加杂点

外发光轮廓范围

图 8-59　"外发光"对话框

案例 8-7　打开刚才制作的"拼图"图像（图 8-58），在原来的基础上添加"外发光"和"内发光"效果。

操作步骤：

（1）打开刚才制作的"拼图"图像，创建"图层 1"新图层，选择工具箱中的椭圆选区工具，在图像窗口中绘制椭圆选区，然后选择"选择"|"反向"命令，填充颜色（# fff799），设置图层不透明度 75%，按 Ctrl+D 取消选择，如图 8-60 所示。

（2）选择"图层"|"图层样式"|"外发光"命令，在打开的外发光对话框中设置混合模式为"溶解"，不透明度 86%，扩展 16%，大小为 21 像素，范围 60%，如图8-61 所示，画面效果如图 8-62 所示。

图 8-60　图像处理

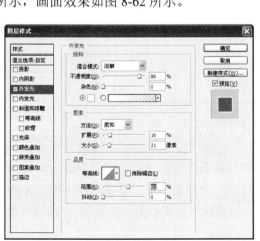

图 8-61　添加"外发光"命令

图 8-62　画面效果

（3）单击对话框中的"内发光"名称，打开"内发光"对话框，设置不透明度 100%，源：边缘，大小为 100 像素，单击"确定"按钮，如图 8-63 所示，画面效果如图 8-64 所示。

图 8-63　添加"内发光"命令

图 8-64　画面效果

8.5.3　斜面和浮雕效果

斜面和浮雕效果用于在图层内容中加入高光和暗部，产生立体浮雕效果。

在打开的"图层样式"对话框中单击左侧的"斜面和浮雕"复选框，进入"斜面和浮雕"对话框，如图 8-65 所示。

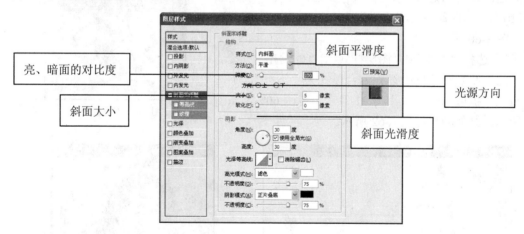

图 8-65　"斜面和浮雕"对话框

提示：

（1）"样式"下拉列表中有五个选项。"外斜面"可沿图层内容的外边缘创建斜面。

"内斜面"可沿图层内容的内边缘创建斜面；"浮雕效果"是相对于下面图层产生的凸出效果；"枕状浮雕"可产生创建图层内容的边缘凹陷进下面图层的效果；"描边浮雕"可产生一种边缘浮雕效果。

（2）"方法"下拉列表控制建立斜面的平滑度。"平滑"斜面比较平滑；"雕刻清晰"产

生一种较生硬的雕刻效果；"雕刻柔和"产生一种柔和的
雕刻效果。

案例 8-8　打开刚才制作的"拼图"图像（图 8-64），
使用"斜面和浮雕"效果制作一个立体按钮。

操作步骤：

（1）创建新图层 2，单击工具箱中的矩形选区工具按
钮［］，在图像窗口中央绘制矩形，并填充颜色（# e60012）。
按 Ctrl+D 组合键取消选择，如图 8-66 所示。

（2）选择"图层"|"图层样式"|"斜面和浮雕"命令，
在打开的斜面和浮雕对话框中设置样式为"内斜面"，深度
100%，大小为 11 像素，高度 50°，光泽等高线为［］，高光
模式不透明度为 100%，阴影模式不透明度为 100%，如图
8-67 所示，画面效果如图 8-68 所示。

【图 8-66】添加矩形块

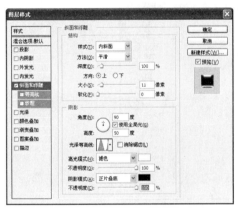

图 8-67　添加"斜面和浮雕"命令

图 8-68　按钮效果

8.5.4　光泽效果

光泽：根据图层内容的轮廓应用拷贝并叠加
在一起形成的效果。

使用方法如下：选择要制作光泽效果的图
层，选择"图层"|"图层样式"|"光泽"命令，
在打开的图层样式对话框中设置光泽效果的参
数即可，如图 8-69 所示。

8.5.5　叠加类效果

叠加类效果包括颜色叠加、渐变叠加、图案
叠加。使用这三种图层样式可以分别在图层上添
加一种纯色、渐变或图案。

使用方法如下：选择要制作叠加效果的图层，选择"图层"|"图层样式"子菜单

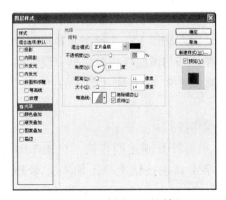

图 8-69　"光泽"对话框

中相应的叠加类效果命令，在打开的图层样式对话框中设置相应参数即可，如图 8-70 所示。

（a）颜色叠加图层样式对话框

（b）渐变叠加图层样式对话框

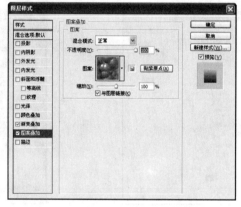
（c）图案叠加图层样式对话框

图 8-70　叠加类效果

8.5.6　描边效果

描边效果可以使用颜色、渐变或图案来对图层内容边缘进行描边处理。

使用方法如下：选择要制作描边效果的图层，选择"图层"|"图层样式"|"描边"命令，在打开的图层样式对话框中设置描边效果的参数即可。

案例 8-9　打开刚才制作的"拼图"图像（图 8-68），给立体按钮上的文字使用"描边"效果。

操作步骤：

（1）打开刚才制作的"拼图"图像（图 8-68），设置前景色为白色，单击工具箱中的文字工具在按钮上单击输入文本 Enter，在工具属性栏中设置字体为 Arial，文字大小 25 点。

（2）选择"图层"|"图层样式"|"描边"命令，在打开的描边对话框中设置大小 2 像素，颜色# b60145，单击"确定"按钮，如图 8-71 所示，画面效果如图 8-72 所示。

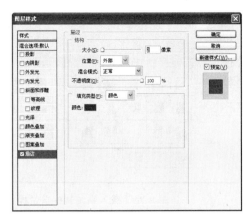

图 8-71　添加"描边"命令

图 8-72　画面效果

8.5.7　使用样式调板

Photoshop 提供的"样式"调板专门用于保存图层样式，可以直接对图层内容应用效果。选择菜单"窗口"|"样式"命令可以打开"样式"调板，如图 8-73 所示。

使用方法如下：选择要使用样式效果的图层，在"样式"调板中单击样式按钮即可。如图 8-74 所示。

图 8-73　"样式"调板

1．新样式的添加

新样式设计好之后，单击"图层"控制调板底部的添加新样式按钮，在打开的"新建样式"对话框中设置新样式命名，单击"确定"按钮即可，如图 8-75 所示。

（a）未使用样式效果

（b）使用样式效果 1

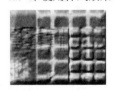

（c）使用样式效果 2

（d）使用样式效果 3

图 8-74　样式效果

图 8-75　"新建样式"对话框

2. 载入系统其他自带样式

单击调板右上角的 按钮，在弹出快捷菜单中选择样式库名称后，系统会提示是否替换当前样式的对话框，单击"确定"按钮则会替换，单击"追加"按钮，则会增加样式到样式调板中，如图 8-76 所示。

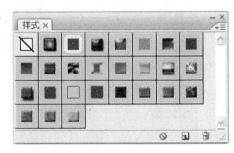

图 8-76　载入系统其他自带样式

8.6　图层特殊效果的编辑

8.6.1　图层特殊效果的查看与编辑

当图层应用了图层样式特殊效果后，"图层"调板中该图层名称右侧就会出现特殊效果图标 。

1. 图层特殊效果的查看

为了节省调板中的空间，在不需要对图层特殊效果进行查看时，可以单击特殊效果图标 中的小三角形 ，将图层特殊效果折叠，再次单击按钮 ，可将其展开查看，如图 8-77 所示。

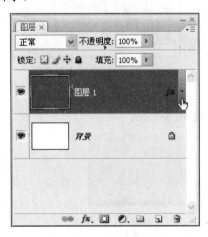

（a）图层特殊效果折叠

（b）图层特殊效果展开

图 8-77　图层特殊效果的查看

2. 图层特殊效果的编辑

双击图层名称右侧的 图标可以打开图层样式对话框，然后单击需要编辑的特殊效果名称，可以查看具体的参数或进行编辑调整。

8.6.2　图层特殊效果的复制

复制图层特殊效果到其他图层上，可以提高工作效率。

使用方法如下：

（1）在图层调板中，右键单击应用了特殊效果的图层，在弹出的快捷菜单中选择"拷贝图层样式"命令。

（2）选择需要应用特殊效果的单个图层或按 Ctrl 键选择多个图层，使用鼠标右键单击所选图层，在弹出的快捷菜单中选择"粘贴图层样式"命令即可。

8.6.3　图层特殊效果的清除

如果需要清除图层特殊效果，在图层控制调板中，右键单击应用了特殊效果的图层，在弹出的快捷菜单中选择"清除图层样式"命令。

8.6.4　图层特殊效果的隐藏

在图像处理过程中，有时需要隐藏图层特殊效果来查看图像。

隐藏所有特殊效果的使用方法如下：在图层控制调板中，右键单击应用了特殊效果的图层名称右侧的 *fx* 图标，在弹出的快捷菜单中选择"隐藏所有效果"命令。

有选择性地隐藏图层特殊效果的使用方法如下：单击图层控制调板中特殊效果图标 *fx* 中的小三角形 ▼，将图层特殊效果展开，可以单击特殊效果名称左边的眼睛图标 ●，进行有选择性的隐藏图层特殊效果，如图 8-78 所示。再次单击眼睛图标 ●，则显示图层特殊效果。

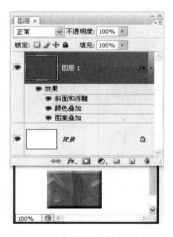 

　　（a）查看图层特殊效果　　　　　（b）隐藏部分图层特殊效果

图 8-78　图层特殊效果的隐藏

8.7　图层蒙版

在图像处理过程中，可以使用图层蒙版来控制图层内容的可见与隐藏，可以将图像中的区域内容处理为透明或半透明效果。

8.7.1　创建图层蒙版

创建图层蒙版的方法如下：

（1）在图层调板中选择需要添加图层蒙版的图层。

（2）单击图层调板下方的添加图层蒙版按钮
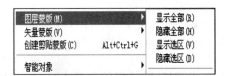
，或者选择"图层"|"图层蒙版"命令，在子
菜单中选择相应的蒙版命令即可，如图 8-79 所示。

图 8-79　"图层蒙版"命令

提示：

（1）显示全部：选中此命令，在图层控制调
板中当前图层添加的图层蒙版呈现白色状态，表
示完全透明，图像内容全部显示，不受影响，如图 8-80 所示。

图 8-80　显示全部

（2）隐藏全部：选中此命令，可以在图层控制调板中给当前图层创建一个遮盖全部图
层的蒙版，图像内容全部隐藏，如图 8-81 所示。

图 8-81　隐藏全部

（3）显示选区：当图层上存在选区时，选中此命令，选区区域内的图像会显示，选区
区域以外的图像会被隐藏，如图 8-82 所示。

图 8-82　显示选区

（4）隐藏选区：当图层上存在选区时，选中此命令，选区区域内的图像会被隐藏，选区区域以外的图像会显示，如图 8-83 所示。

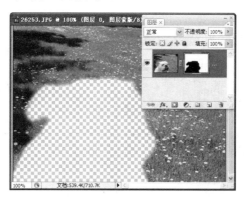

图 8-83 隐藏选区

当图层蒙版呈现白色时，表示完全显示图像内容，当图层蒙版呈现黑色时，表示不显示图像内容，当图层蒙版呈现灰色时，表示以半透明的方式来显示图像内容。

8.7.2 创建剪贴蒙版

剪贴蒙版就是将一个图层作为过滤装置，使它顶部图层内容的显示与这个图层大小一致。

创建剪贴蒙版的方法如下：

（1）在图层调板中选择过滤图层。

（2）按 Alt+Ctrl+G 键，或选择"图层"|"创建剪贴蒙版"命令即可。

提示：

要取消剪贴蒙版，可选择"图层"|"释放剪贴蒙版"命令。

案例 8-10 使用图层的剪贴蒙版功能制作艺术字。

操作步骤：

（1）打开"光效"图像，当前图层为"Photoshop"，如图 8-84 所示。

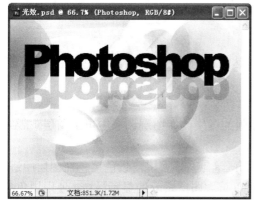

（a）"光效"图像

（b）当前图层调板

图 8-84 原图像

（2）打开"纹样"图像，按 Ctrl+A 组合键全选图像，按 Ctrl+C 组合键复制选区内图像。打开"光效"图像，按 Ctrl+V 组合键粘贴到图像文件中，自动生成一个新图层"图层1"，如图 8-85 所示。

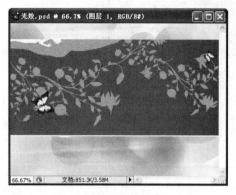
（a）复制图像到窗口

（b）当前图层调板

图 8-85　原图像

（3）选择"图层"|"创建剪贴蒙版"，"Photoshop"图层产生剪贴效果，如图 8-86 所示。

（a）创建剪贴蒙版

（b）当前图层调板

图 8-86　图像效果

8.7.3　编辑图层蒙版

图层内容添加图层蒙版之后，不一定能达到预想的效果，通常会使用工具箱中的绘图工具对图层蒙版进行编辑处理。

使用步骤如下：

（1）在图层调板中选择已添加图层蒙版的图层，在图层调板中单击图层蒙版缩览图，选中图层蒙版。

（2）在工具箱中选择一种绘图工具，如画笔工具，使用前景色黑色在图层中进行描绘，可以改变图层蒙版的外观。使用白色描绘可以扩大图层蒙版的显示区域，使用黑色描绘可以减少图层蒙版的显示区域。

提示：

默认情况下，图层内容添加图层蒙版之后，在图层缩览图和图层蒙版缩览图之间会产生一个链接图标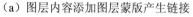，表示图层内容和图层蒙版被链接，移动图层时，图层蒙版也会一起移动。如果要单独移动或编辑图层内容和图层蒙版，可以单击链接图标，取消链接，如图 8-87 所示。

（a）图层内容添加图层蒙版产生链接

（b）取消链接

图 8-87 编辑图层蒙版

案例 8-11 复制图像文件到另一个图像中，并使用图层蒙板进行处理，达到有机的融合。

操作步骤：

（1）打开"品尝"图像，按 Ctrl+A 全选图像，按 Ctrl+C 组合键复制选区内图像，如图 8-88 所示。打开"蔬菜"图像，按 Ctrl+V 组合键粘贴到图像文件中并自动生成一个新图层"图层 1"，如图 8-89 所示。

图 8-88 "品尝"图像

图 8-89 复制到"蔬菜"图像

（2）单击"图层"控制调板底部的按钮，为图层 1 添加图层蒙版，如图 8-90 所示。选择渐变工具，选择工具属性栏中的渐变样式为"黑色、白色"，选择渐变类型为"线形渐变"，如图 8-91 所示。

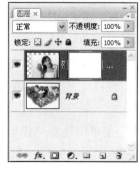
图 8-90 添加图层蒙版

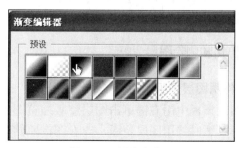
图 8-91 黑白渐变

（3）在图层 1 的右方单击并水平拖动拉出一个渐变条，如图 8-92 所示，绘制后的效果如图 8-93 所示。

图 8-92   拖动渐变条   图 8-93   画面效果

（4）设置前景色为白色，选择画笔工具，在工具属性栏中设置画笔直径为 140px，硬度为 0%。使用画笔工具在画面中人物脸部和手部拖动绘制，直到显示出来为止，如图 8-94 所示。

（5）人物后面的白色背景需要隐藏，则设置前景色为黑色，使用画笔工具在画面中需要隐藏的地方拖动绘制，直到融合自然为止，如图 8-95 所示。

图 8-94   控制显示和隐藏   图 8-95   效果图

8.7.4   通过图层蒙版绘制选区

在 Photoshop 中可以通过图层蒙版绘制选区，操作方法如下：按 Ctrl 键单击图层调板中的图层蒙版缩览图就可以载入图层蒙版的选区。

8.7.5   停用和删除图层蒙版

1．停用图层蒙版

在图层调板中用右键单击图层蒙版缩览图，在弹出的快捷菜单中选择"停用图层蒙版"命令，可以暂时停用图层蒙版，查看图像原始效果，如图 8-96 所示。同样，在弹出的快捷菜单中选择"启用图层蒙版"命令，可以启用图层蒙版。

2. 删除图层蒙版

如果需要删除图层蒙版，在图层调板中用右键单击图层蒙版缩览图，在弹出的快捷菜单中选择"删除图层蒙版"命令即可。

图 8-96 停用图层蒙版

本章小结

本章主要介绍了图层的基本操作、填充和调整图层的使用、图层的色彩混合模式产生的巧妙效果，图层样式的使用与编辑以及图层蒙版的使用技巧。图层内容是 Photoshop 中的重要部分，读者要认真学习领会，这对于以后的图像处理和制作都是十分关键的。

习题与应用实例

一、习题

1. 填空题

（1）打开图层控制调板可以选择菜单____命令，或按____键。

（2）在图层控制调板中，单击____图标可以切换显示或隐藏状态。

（3）创建填充图层，可以对图像创建____、____、____填充图层。

（4）在图层调板中选择需要复制的图层为当前图层，按____键可复制该图层。。

（5）选择____命令，或者按____键，将当前图层和与其下一层合并为一个层。

2. 选择题

（1）图层合并的方法有（ ）。

A. 向下合并　　　　　　B. 合并图层　　　　C. 合并可见层　　　　D. 拼合图像

（2）将背景图层转变为普通层可以（ ）。

A. 双击当前图层

B. 使用菜单"图层"｜"新建"命令

C. 使用新建图像文件对话框

D. 使用图层调板中的新建图层按钮

（3）图层特殊效果不能用于（ ）。

A. 普通图层　　　　　　B. 文字图层　　　　C. 链接图层　　　　D. 背景图层

（4）可以改变图层排列顺序的方法是（ ）。

A. 使用菜单"图层"｜"对齐"｜"顶边"命令

B. 直接拖动图层调整位置

C. 使用菜单"图层"｜"排列"｜"置为顶层"命令

D. 使用菜单"图层"｜"对齐"｜"左边"命令

（5）添加图层特殊效果的方法有（　　）。

A．选择菜单"图层"|"图层样式"命令

B．单击"图层"调板下方的"添加图层样式"控制按钮 fx.

C．在"图层"调板中双击图层缩览图

D．双击图层名称右侧的空白区域

二、应用实例

1．使用图层混合模式和滤镜命令，将"园林"图像处理为水墨画效果，如图 8-97 所示为原图和效果图对照。

（a）"园林"图像　　　　　　　　　　　　　　　（b）效果图

图 8-97

提示：

（1）打开"园林"图像，按 Ctrl+J 键，复制"背景层"为"背景副本"。选择菜单"图像"|"调整"|"去色"命令。

（2）选择"滤镜"|"模糊"|"高斯模糊"命令，设置半径值 3 像素。再按 Ctrl+J 键，复制"背景副本"层为"背景副本 2"，混合模式设置为亮光。

（3）选择菜单"图层" | "拼合图像"命令，合并为背景层。新建图层 1，使用颜色（#e3dac3）填充，图层混合模式为正片叠底，不透明度为 60%。

（4）选择"滤镜"|"纹理"|"纹理化"命令，设置纹理类型：画布，缩放值 100%，单击"确定"完成。

2．打开"橙子"和"开心"两幅图像，利用图层蒙版进行图像合成，并为文字添加图层特殊效果，如图 8-98 所示为原图和效果图对照。

提示：

（1）打开"开心"图像，按 Ctrl+A 组合键全选图像，按 Ctrl+C 组合键复制选区内图像。打开"橙子"图像，按 Ctrl+V 组合键粘贴到图像文件中。

（2）单击"图层"控制调板底部的按钮 ，为图层 1 添加图层蒙版。选择渐变工具拉出渐变条，并结合使用画笔工具进行图层蒙版的编辑。

（3）使用工具箱中的竖排文字工具在画面左侧输入文字"维 C 多多，漂亮多多"，字体楷体_GB2312，颜色红色（#f1064e），大小 40 点。单击图层调板底部的添加图层样式按钮▔𝑓𝑥，为文字添加投影和外发光效果。

（a）"橙子"图像

（b）"开心"图像

（c）效果图

图 8-98

第九章　路径与形状

路径工具是 Photoshop 矢量设计的重要工具，用户可以通过路径功能绘制高精度的线条或曲线，再通过转换为选区，对选区进行填充或描边，从而完成一些高精度图形的绘制。

【学习要点】
- 了解路径的基本概念，掌握路径的相关知识
- 了解和掌握钢笔工具等路径绘制工具的使用
- 了解和掌握路径的编辑和路径面板的使用
- 了解和掌握自定义形状工具的使用
- 学习和掌握路径的运用案例

9.1　绘制路径

通过对路径的学习，了解和掌握路径工具的用法，钢笔工具组，如图 9-1 所示。

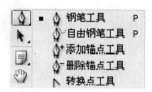

图 9-1　钢笔工具组

9.1.1　认识路径

所谓路径，在屏幕上表现为一些不可打印、不活动的矢量形状，在 Photoshop 中对路径可以进行描边或填充等操作来获得图形。

路径是由一个或多个直线段或曲线段组成的。锚点（又叫节点）是定义路径中每条线段开始和结束的点，可以通过它们来固定路径。通过移动锚点，可以修改路径线段以及改变路径的形状。锚点分为直线点和曲线点，曲线点的两端有方向线，可以控制曲线的曲度，如图 9-2 所示。

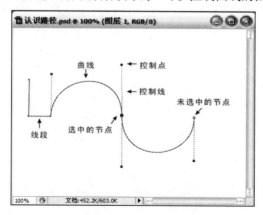

图 9-2　认识路径

路径又可以分为开放路径和封闭路径。开放路径有明显的终点，如波浪线；封闭路径没有起点或终点，如圆。平滑曲线路径由名为平滑点的锚点连接，锐化曲线路径由角点连接，如图 9-3 所示。

当在平滑点上移动方向线时，将同时调整平滑点两侧的曲线；当在角点上移动方向线时，只调整与方向线同侧的曲线段，如图 9-4 所示。

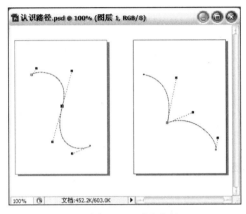
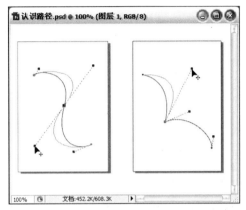

图 9-3 不同路径   图 9-4 调整路径

9.1.2 钢笔工具的使用

路径的创建主要是使用钢笔工具 和自由钢笔工具 ，在绘制路径前，要在工具选项栏中选择绘图方式，如图 9-5 所示。

图 9-5 钢笔工具选项栏

1. 钢笔工具选项栏

（1）形状图层 ：如果选择工具选项栏中的形状图层选项，将在新的图层上绘制矢量图形。

（2）路径 ：如果选择路径选项，绘制的将是路径。

（3）填充像素 ：如果选择该选项，则在当前层绘制前景色填充的矢量图形。

（4）可以通过矩形工具 、圆角矩形工具 、椭圆形工具 、多边形工具 、直线形工具 和自定义形状工具 等快捷地绘制出各种路径。

（5）自动添加 / 删除 ：在绘制路径时可以方便地删除和添加锚点。

（6）路径组合方式 ：路径之间进行组合的运算方式与选区组合的运算方式相似。

2. 钢笔工具绘制直线

（1）选中工具箱中的钢笔工具 ，在其选项栏中单击 图标，表示用钢笔工具绘制路径而不是创建图形或形状图层。

（2）将钢笔工具的笔尖放在要绘制直线的开始点，通过单击鼠标确定第一个锚点。

（3）移动钢笔工具到另外的位置，再次单击鼠标，两个锚点就会以直线连接，或按 Shift

键可保证生成的直线是水平、垂直或 45°倍数的角度，如图 9-6 所示。

（4）继续单击鼠标可创建另外的直线段。最后添加的锚点总是一个实心的正方形，表示该锚点被选中。当继续添加更多的锚点时，先前确定的锚点变成了空心的正方形，如图 9-7 所示。

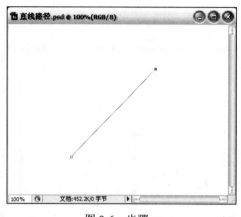 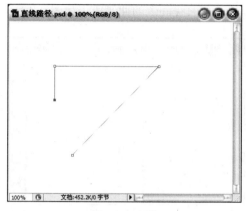

　　　　图 9-6　步骤一　　　　　　　　　　　　　　　图 9-7　步骤二

注：要结束一条开放的路径，可按住 Ctrl 键并单击路径以外的任意处。要闭合一条路径，可将钢笔工具放在第一个锚点上，当放置正确时，在钢笔工具笔尖的右下角会出现一个小圆，单击鼠标就可以使路径闭合。

3．钢笔工具绘制曲线

（1）选中工具箱中的钢笔工具 ，在其选项栏中单击 图标，表示用钢笔工具绘制路径而不是创建图形或形状图层。

（2）在工作区内将钢笔工具的笔尖放在要绘制曲线的开始点，通过单击并按住鼠标左键确定第一个锚点。

（3）继续按住鼠标左键，向绘制曲线段的方向拖移鼠标。在此过程中，鼠标将引导其中一个方向点的移动。按住 Shift 键，将工具限制为 45°角的倍数，完成第一个方向点的定位后，释放鼠标。方向线的长度和斜率决定了曲线段的形状。沿曲线方向拖移设置第一个锚点，如图 9-8 所示。

（4）在图像其他位置单击创建第二个锚点，此时同样不要松开鼠标，继续拖移鼠标，也使之出现方向线，以便后面调整曲线的形状，如图 9-9 所示。

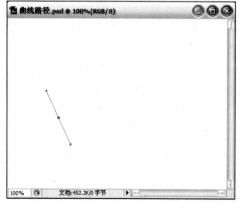 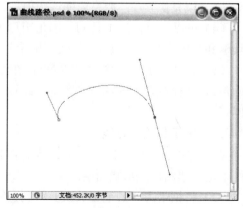

　　　　图 9-8　步骤一　　　　　　　　　　　　　　　图 9-9　步骤二

注意：如果是闭合曲线，只要把鼠标放在第一个锚点处，钢笔工具右下角就会出现一个小圆圈的标志，此时单击一下，即可闭合曲线，同时结束本次路径绘制。如果绘制的是开放路径只需要按 Esc 键就可以结束路径的绘制。

9.1.3　自由钢笔工具的使用

自由钢笔工具可以用来随意绘图，就像用铅笔在纸上绘图一样，使用起来很容易。

（1）自由钢笔绘制路径的方式。

在工具箱选择自由钢笔 后，按住鼠标左键在工作区直接绘制图形即可，松开鼠标后，路径绘制完成；可以通过钢笔工具调节的方法，对路径进行调整，如图 9-10 所示。

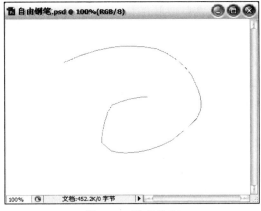

图 9-10　路径绘制

（2）自由钢笔的另一种绘制路径的方式，即磁性钢笔工具。

① 在自由钢笔的选项栏中将磁性选项勾选 磁性的 ，即可实现自由钢笔工具 和磁性钢笔工具 的转换。

② 要控制最终路径对鼠标移动的灵敏度，可以单击选项栏中自定义形状工具按钮旁边的几何选项按钮，然后为曲线拟合输入 0.5～10.0 之间的像素值。此值越高，创建的锚点越少，路径越简单；为宽度输入 1～256 之间的像素值，磁性钢笔只检测距鼠标距离内的边缘；为对比输入 1～100 之间的百分比，指定像素之间被看做边缘所需的对比度，此值越高，图像的对比度越低；为频率输入 0～100 之间的值，指定钢笔设置锚点的密度，此值越高，路径锚点的密度越大。如果使用的是光笔绘图板可以选择光笔压力，钢笔压力的增加将导致宽度减小。磁性钢笔属性，如图 9-11 所示。

图 9-11　磁性钢笔属性

③ 设置好参数后，先在起点位置单击一下，然后移动鼠标或沿要描的边缘拖移。在拖移时，会有一条路径尾随鼠标，磁性钢笔定期向边框添加紧固点，以固定前面的各段。磁性钢笔工具创建路径，如图 9-12 所示。

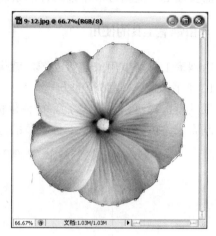

（a）开始绘制路径   （b）绘制过程

图 9-12   路径绘制

注意：如果边框没有与所需的边缘对齐，则点按一次，手动添加一个紧固点并使边框保持不动。继续沿边缘操作，根据需要添加紧固点。如果需要删除紧固点可按 Delete 键。按住 Alt 键并拖移，可绘制手绘路径。按住 Alt 键并单击，可绘制直线段。要创建闭合路径，请将直线拖移到路径的初始点。

④ 完成路径。按 Enter 键结束操作，按 Esc 则清除路径。双击鼠标可闭合路径。按 Alt 键并双击鼠标，可闭合包含直线段的路径。

9.1.4　各种路径的创建与绘制

根据前面路径绘制的基本方法，可以绘制如下路径。

1．绘制直线路径

（1）水平和垂直路径，如图 9-13 所示。

（2）斜线路径，如图 9-14 所示。

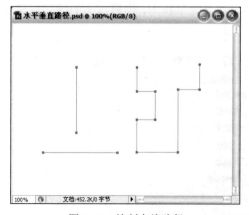
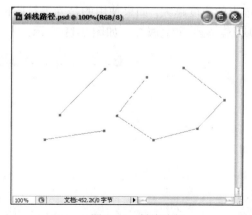

图 9-13   绘制直线路径   图 9-14   斜线路径

2．绘制曲线路径

（1）平滑曲线路径，如图 9-15 所示。

（2）锐化曲线路径，如图 9-16 所示。

图 9-15　曲线路径

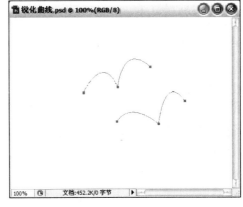

图 9-16　锐化曲线路径

3．绘制开放路径

绘制开放路径，如图 9-17 所示。

4．绘制闭合路径

绘制闭合路径，如图 9-18 所示。

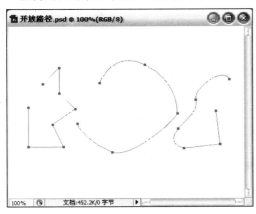

图 9-17　开放路径

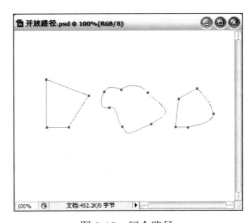

图 9-18　闭合路径

9.2　编辑、调整路径

在创建路径时，往往很难一次就达到满意的效果，因此需要用路径选择工具组编辑和调整路径，如图 9-19 所示。

图 9-19　路径选择工具组

9.2.1　选择锚点和路径

选择路径组件或路径段将显示选中部分的所有锚点，包括全部的方向线和方向点。方向

点显示为实心圆,选中的锚点显示为实心
方形,而未选中的锚点显示为空心方形,
如图 9-20 所示。

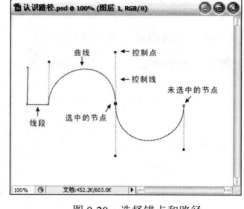

图 9-20　选择锚点和路径

　　如果要选择路径组件(包括形状图层
中的形状),可选择路径选择工具 ,并
单击路径组件中的任何位置;如果路径由
几个路径组成,则只有鼠标所指的路径组
件被选中,此时被选中的路径以实心点的
方式显示各个锚点,如图 9-21 所示。在
路径被选中的状态下,可以使用路径选择
工具 任意移动该路径的位置,如图 9-22
所示。

图 9-21　路径组件被选中

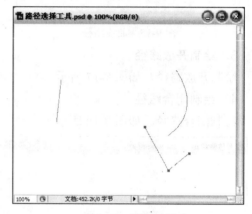

图 9-22　路径被选中

　　如果在选项栏中选中显示定界框选项 显示定界框 ,则可以同时显示定界框和选中的路径,
如图 9-23 所示。

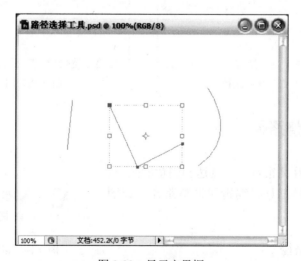

图 9-23　显示定界框

　　如果要选择路径段或路径的部分锚点,请选择直接选择工具 ,并单击路径段,此时

被选中的路径以空心点的方式显示各个锚点，如图 9-24 所示。被选中的路径可以通过直接选择工具进行路径某段线段、某个锚点或者控制线的调整，如图 9-25 所示。

图 9-24　空心点的方式显示　　　　　　　图 9-25　控制线的调整

注：可按住 Shift 键进行多部分路径段或锚点的选择，也可以按住 Alt 键进行复制操作。

9.2.2　增加与删除路径锚点

使用添加锚点 ![add] 和删除锚点工具 ![del]，可以在形状上添加和删除锚点。

1．添加锚点

（1）从工具箱中选择添加锚点工具 ![add]，并将鼠标放在要添加锚点的路径上（鼠标旁会出现加号）。

（2）如果要添加锚点但不更改线段的形状，只要单击一下路径即可。如果要添加锚点并要改变线段的形状，则需要用拖移的方法以定义锚点的方向线，如图 9-26 所示。

2．删除锚点

（1）从工具箱中选择删除锚点工具 ![del]，并将鼠标放在要删除的锚点上（鼠标旁会出现减号）。

（2）删除锚点。单击锚点将其删除，路径的形状重新调整以适合其余的锚点，或者拖移锚点将其删除，线段的形状随之改变，如图 9-27 所示。

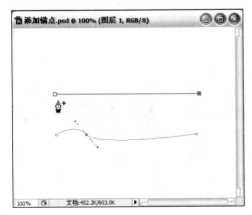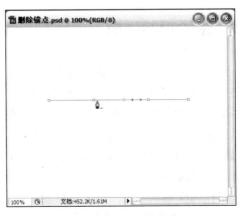

图 9-26　添加锚点　　　　　　　　　　　图 9-27　删除锚点

注：如果在钢笔工具选项栏已经选中了自动添加／删除 ☑自动添加/删除 ，则单击直线段时，将会添加锚点；单击锚点时将会删除该锚点。

3．删除路径

用选择工具选择 ▶ 路径后按 Delete 键删除整个路径，也可以通过直接选择工具 ▶ ，进行路径段或锚点的删除。

9.2.3 使用转换工具调整路径锚点

转换点工具 ▶ ，可以将尖锐曲线或直线转换为平滑曲线；也可以将平滑曲线转换为尖锐曲线或直线。

在角点和平滑点之间进行转换（直线和曲线之间的转换线）。

（1）选择转换点工具 ▶ ，并将鼠标放在要更改的锚点上。如果在选中直接选择工具的情况下，鼠标放在锚点上，可以按 Ctrl+Alt 键调出转换点工具。

（2）转换锚点。如果要将角点转换成平滑点，将角点外拖，使方向线出现，然后调整即可，如图 9-28 所示。如果要将平滑点转换成没有方向线的角点，只要单击平滑锚点即可。如果要将平滑点转换为带有方向线的角点，一定要能够看到方向线，然后拖动方向点，使方向线断开，如图 9-29 所示。

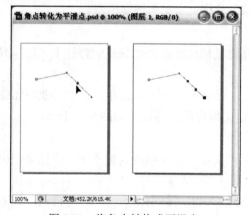

图 9-28 将角点转换成平滑点

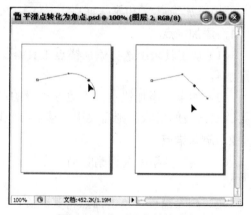

图 9-29 将平滑点转换为角点

9.3 路径控制调板

路径调板列出了每条储存的路径、当前工作路径和当前矢量蒙版的名称和缩览图像。可以通过"窗口"|"路径"命令，显示出路径调板，绘制的路径在路径调板中会显示出来，如图 9-30 所示。如果"窗口"|"路径"命令中，路径前面有勾则代表路径调板已经在工作区显示出来了；反之则没有显示。

路径调板最下方有一排小图标表示：

（1）● 用前景色填充路径。

图 9-30 路径调板

（2）用画笔描边路径。

（3）将路径作为选区载入。

（4）将选区转变为工作路径。

（5）创建新路径。

（6）删除当前路径。

9.3.1　新建路径

在路径调板中新建路径，一般采用如下方法。

（1）通过单击路径调板右上方的黑色三角形，在显示出的路径菜单中，选择新建路径命令，如图 9-31 所示，然后在弹出的对话框处单击"确定"按钮，即可完成新路径的建立，如图 9-32 所示。

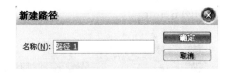

図 9-31　新建路径命令　　　　　　　图 9-32　新建路径对话框

（2）单击路径调板下方的新建路径按钮，也可以直接完成新路径的建立。

9.3.2　路径的复制与删除

1．路径的复制

在路径调板中执行路径复制的常用方法有以下 3 种：

（1）通过单击路径调板右上方的黑色三角形，在显示出的路径菜单中，选择复制路径命令，如图 9-33 所示，然后在弹出的对话框处单击"确定"按钮，即可完成路径的复制，如图 9-34 所示。

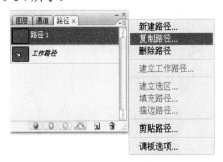

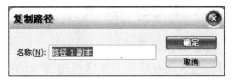

图 9-33　复制路径命令　　　　　　　图 9-34　复制路径对话框

（2）在路径调板中选择一个路径层后，在该路径层单击鼠标右键，也可以完成路径的复制，如图 9-35 所示，然后在弹出的对话框处单击"确定"按钮，即可完成路径的复制，如图 9-36 所示。

图 9-35　复制路径

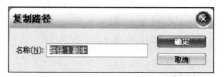

图 9-36　复制路径对话框

（3）选中路径调板中的路径层，按住鼠标左键直接拖拽到路径调板下方的新建路径命令按钮 上，即可完成路径的复制。

注：使用路径调板建立和复制的路径之间是相互独立的，互相没有直接的影响，不能进行组合运算。

2．路径的删除

在路径调板中执行删除路径的常用方法如下：

（1）通过单击路径调板右上方的黑色三角形，在显示出的路径菜单中，选择删除路径命令，如图 9-37 所示，即可完成路径的删除。

（2）在路径调板中选择一个路径层后，在该路径层单击鼠标右键，也可以完成路径的删除，如图 9-38 所示。

图 9-37　删除路径

图 9-38　删除路径

（3）选中路径调板中的路径层，按住鼠标左键直接拖拽到路径调板下方的删除路径命令按钮 上，即可完成路径的删除。

（4）在路径调板中选择一个路径层后，直接单击路径调板下方的删除路径命令按钮 ，然后在弹出的对话框上单击"是"按钮，即可完成路径的删除，如图 9-39 所示。

图 9-39　删除路径

9.3.3　选区与路径之间的转换

1．选区转换为路径

（1）选区画好后，工作区将出现浮动的选择线，可以通过单击路径调板中的 图标，将选区转换为工作路径，如图 9-40 所示。

（2）选区画好后，工作区将出现浮动的选择线，可在路径调板右上角的弹出菜单中选择"建立工作路径"命令，如图 9-41 所示，在弹出的对话框设置"容差"的像素值，如图 9-42 所示。如果没有把握就直接采用软件的内定容差值。选区转换为工作路径后还需要根据实际情况进行适当的手动调整。

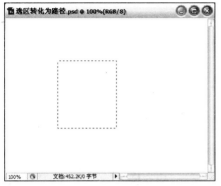

（a）绘制选区　　　　　　　　　　　　（b）选区转换为路径

图9-40　将选区转换为路径

图9-41　建立工作路径　　　　　　　　图9-42　建立工作路径对话框

注：在弹出的对话框设置"容差"的像素值，其范围是 0.5~10 像素，"容差"值越高，转化后路径的锚点越少，路径越不精细，反之路径越精细。如果"容差"值很小，比如为0.5，路径上的锚点可能非常密集，因而路径相对复杂，输出时可能会提示错误而无法打印；如果"容差"值很大，锚点太少，则不能很好地符合所选择物体的形状，所以要根据实际情况进行设定，软件内定的值为2。

2．路径转换为选区

（1）路径画好后，可将路径转换为浮动的选择线，路径包含的区域就变成了可编辑的选区。转换的方法是通过单击路径调板中的 图标，将工作路径转换为选区，如图9-43所示。

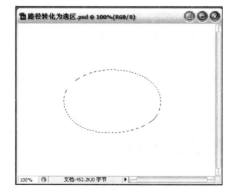

（a）绘制路径　　　　　　　　　　　　（b）路径转换为选区

图9-43　将路径转换为选区

（2）也可以在路径调板右上角的弹出菜单中选择"建立选区"命令，如图9-44所示，在弹出的对话框中选择"羽化半径"的程度，单击"确定"按钮就可以了。如果当前图像中已经有选择区域了，则可以在"操作"一栏中选择转化后区域与现有区域的相加、相减和相交，如图 9-45 所示。

图 9-44 "建立选区"命令　　　　　图 9-45 "建立选区" 对话框

9.3.4 填充路径

填充路径可用于使用指定的颜色、图像状态、图案或填充图层填充包含像素的路径，如图 9-46 所示。

（a）路径绘制　　　　　　　　　　（b）填充路径

图 9-46 填充路径

具体操作如下：

（1）在路径调板中选择路径，如图 9-47 所示。

（2）单击工具箱中的前景色，设置填充颜色，如图 9-48 所示。

（3）可以通过路径调板下的填充按钮 ⬤ 进行路径的填充；也可以在路径层鼠标右键选择填充路径命令，如图 9-49 所示，在填充路径对话框中进行设置后即可。

图 9-47 选择路径　　　　图 9-48 设置填充颜色　　　　图 9-49 填充路径

（4）填充路径对话框的相关设置，如图9-50所示。

① 使用：在其下拉列表中选取想要填充的内容，可以是前景色、背景色或图案等。

② 模式：指定填充的混合模式。

③ 不透明度：如果想要填充更透明，则降低百分比。100%为完全不透明。

④ 保留透明区域：仅限于填充包含像素的图层区域。

⑤ 羽化半径：定义羽化边缘在选区内外的伸展距离。

⑥ 消除锯齿：在选区的像素和周围像素之间创建精细的过度。

图9-50 路径对话框

9.3.5 描边路径

路径需要进行填充或描边，才能成为图像的一部分。描边将使用画笔工具的当前属性，因此在为路径描边前，需要选择画笔工具并设置相应的特性。路径描边前后对比效果，如图9-51所示。

（a）绘制路径　　　　　　　　　　　（b）路径描边

图9-51 描边路径

具体操作如下：

（1）单击工具箱中的路径选择工具 ，然后选择路径（如果该路径当前不可见，需要先在路径调板中选中它），如图9-52所示。

（2）再从工具箱中选中画笔工具 。

（3）在工作区顶部的选项栏中，从画笔弹出式调板中选取画笔大小和样式，如图9-53所示，以确定描边时画笔大小和样式。

（4）单击前景色设置画笔颜色，如图9-54所示。

（5）可以通过路径调板下的描边按钮 进行路径的描边；也可以在路径调板右上角的弹出菜单中选择"描边路径"命令后，选择画笔工具即可，如图9-55和图9-56所示。

图 9-52　选择路径

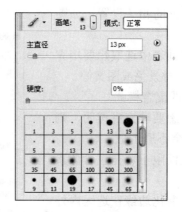

图 9-53　设置画笔

图 9-54　设置画笔颜色

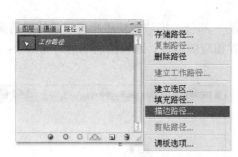

图 9-55　选择"描边路径"命令

图 9-56　选择画笔工具

9.4　形状工具

Photoshop 的矢量形状工具可以迅速地创建各种基本形状。

9.4.1　形状工具及其工具选项栏

在工具箱中可选择不同的形状工具，它们是矩形形状工具■、圆角矩形形状工具▢、椭圆形状工具▢、多边形形状工具▢、直线工具＼和自定形状工具▨，如图 9-57 所示。

形状工具选项栏中提供了三种不同的绘图状态，从左到右分别是"形状图层▨"、"路径▨"和"填充像素▢"。

（1）形状图层▨：形状图层是带图层矢量蒙版的填充图层；填充图层定义形状的颜色，而图层矢量

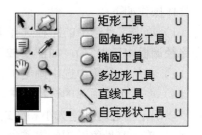

图 9-57　形状工具

蒙版定义形状的几何轮廓。通过编辑形状的填充图层并对其应用图层样式，可以更改其颜色和其他属性。通过编辑形状的图层矢量蒙版，可以更改形状的轮廓。

（2）路径 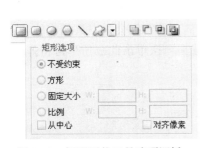：当选中此选项后在图像中拖拉鼠标就可以创建新的工作路径。在路径调板中可看到创建的路径。工作路径是一个临时路径，不是图像的一部分，主要用于定义形状的轮廓，可以通过路径调板的弹出菜单命令将其存储起来。

（3）填充像素□：选择此选项后，使用形状工具时就可在当前的图层中创建像素形状。形状由当前的前景色自动填充。创建了像素形状后，将无法作为矢量对象进行编辑。

9.4.2　使用矩形工具绘制形状

在工具箱中选择矩形形状工具□，并在选项栏中单击向下的箭头会弹出其相应的选项调板，如图 9-58 所示，用来对工具进行各种设定。设定完成后再次单击此三角形可将弹出的调板关闭。

1．矩形选项调板

（1）不受约束：允许通过拖移设置矩形的宽度和高度。

（2）方形：将矩形约束为正方形。

（3）固定大小：当选中矩形工具并选择此选项后，就可以在宽度和高度后面的文字框中输入数据，在图像中形成的形状就会完全符合选项调板中的设定，宽度和高度的单位均为像素。

（4）比例：当选中矩形工具并选择此选项后，就可以在宽度和高度后面的文字框中输入数据，然后在图像中形成的形状就会完全符合选项调板中的长宽比例。如果长和宽均为 1，也就是两者之间是 1：1 的关系，则生成的选择范围就是正方形。

（5）从中心：选中此选项后，当绘制矩形时，就会从中心开始。

（6）对齐像素：选择此选项后，可将矩形的边缘自动对齐像素边界。

2．矩形简单绘制效果

矩形简单绘制效果，如图 9-59 所示。

图 9-58　矩形形状工具选项调板

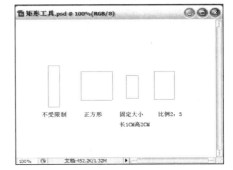

图 9-59　绘制效果

9.4.3　使用圆角矩形工具绘制形状

在工具箱中选择圆角矩形工具□，并在选项栏中单击向下的箭头会弹出其相应的选项调板，如图 9-60 所示，用来对工具进行各种设定。设定完成后再次单击此三角形可将弹出的调板关闭。

1．圆角矩形选项调板

（1）不受约束：允许通过拖移设置圆角矩形的宽度和高度。

（2）方形：将矩形约束为圆角正方形。

（3）固定大小：当选中圆角矩形工具并选择此选项后，就可以在宽度和高度后面的文字框中输入数据，在图像中形成的形状就会完全符合选项调板中的设定，宽度和高度的单位均为像素。

（4）比例：当选中圆角矩形工具并选择此选项后，就可以在宽度和高度后面的文字框中输入数据，然后在图像中形成的形状就会完全符合选项调板中的长宽比例。如果长和宽均为 1，也就是两者之间是 1∶1 的关系，则生成的选择范围就是圆角正方形。

（5）从中心：选中此选项后，当绘制圆角矩形时，就会从中心开始。

（6）对齐像素：选择此选项后，可将圆角矩形的边缘自动对齐像素边界。

（7）半径：可以设置圆角矩形四个角可以设置圆角矩形四个角的半径。

2．圆角矩形的绘制

圆角矩形简单绘制效果，如图 9-61 所示，圆角矩形半径为 20 像素。

图 9-60　圆角矩形工具选项栏

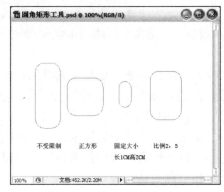

图 9-61　绘制效果

9.4.4　使用椭圆工具绘制形状

在工具箱中选择椭圆工具 ⬭，并在选项栏中单击向下的箭头会弹出其相应的选项调板，如图 9-62 所示，用来对工具进行各种设定。设定完成后再次单击此三角形可将弹出的调板关闭。

1．圆角矩形选项调板

（1）不受约束：允许通过拖移设置椭圆的宽度和高度。

（2）圆：将椭圆约束为圆。

（3）固定大小：当选中椭圆工具并选择此选项后，就可以在宽度和高度后面的文字框中输入数据，在图像中形成的形状就会完全符合选项调板中的设定，宽度和高度的单位均为像素。

（4）比例：当选中椭圆工具并选择此选项后，就可以在宽度和高度后面的文字框中输入数据，然后在图像中形成的形状就会完全符合选项调板中的长宽比例。如果长和宽均为 1，也就是两者之间是 1：1 的关系，则生成的选择范围就是圆。

（5）从中心：选中此选项后，当绘制椭圆时，就会从中心开始。

2．椭圆简单绘制

椭圆简单绘制效果，如图 9-63 所示。

图 9-62　椭圆工具选项栏

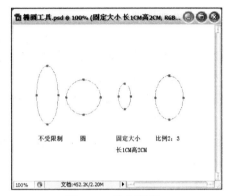

图 9-63　绘制效果

9.4.5　使用多边形工具绘制形状

选择多边形形状工具可产生直线型的多边形区域，单击多边形形状工具 ⬡，并在选项栏中单击向下的箭头会弹出其相应的选项调板，如图 9-64 所示。

1．多边形选项调板

（1）半径：对于多边形，指定多边形中心与外部点之间的距离。

（2）平滑拐角：选择此选项后，将用圆角代替原来突出的尖角。

（3）缩进边依据：可将多边形的边缩进为星形。在文本框中输入一个百分比，可以将缩进的星形半径作为内半径，将原来多边形的半径作为外半径，那么，输入框中的百分比就是内半径和外半径的比例。

（4）平滑缩进：选择此选项后，将用圆角代替原来缩进的尖角。

（5）通过更改选项栏中边的数量可以得到不同的图形效果。

2．多边形简单绘制

多边形简单绘制效果，边数为 3，如图 9-65 所示。

图 9-64　多边形形状工具选项栏

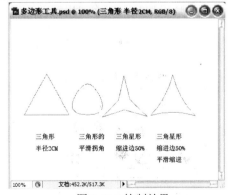

图 9-65　绘制效果

9.4.6　使用直线工具绘制形状

在工具箱中选择直线工具 ＼，并在选项栏中单击向下的箭头会弹出其相应的选项调板，如图 9-66 所示，用来对工具进行各种设定。

1．直线选项调板

（1）起点和终点：当"起点"和"终点"都选中时，画出的线两边都带箭头。

（2）宽度和长度：箭头的宽度和长度的数值范围是 1%～1500%，这表示箭头和线宽之间的比率，比率越高，箭头相对于线宽就越大。

（3）凹度：用来定义箭头凹进去的程度。

2．直线绘制效果

直线简单绘制效果，粗细 10 像素，勾选起点，宽度 500%，长度 1000%，不同的凹度，如图 9-67 所示。

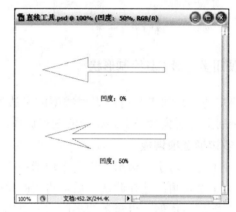

图 9-66　直线工具选项栏　　　　　　　　　　图 9-67　绘制效果

9.4.7　使用"自定形状"工具绘制形状

（1）选择工具箱中的自定形状工具 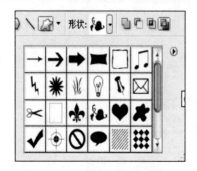，单击工具选项栏中的"形状"后面的小三角，打开自定形状的弹出式调板，如图 9-68 所示，并点按调板右上角的黑三角，在弹出菜单中选择"物体"，接着在弹出的对话框中单击"追加"按钮，如图 9-69 所示，将"物体"文件中定义的形状追加到当前的弹出式调板中，如图 9-70 所示。

图 9-68　自定形状工具选项栏　　　　　　图 9-69　"追加"对话框

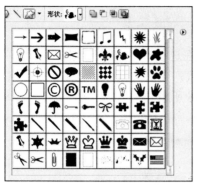

图 9-70 选项栏

图 9-71 创建图形

（2）在新加入的自定形状中选择王冠图标。在文件中拖拉鼠标创建一个王冠的图形，为了保证原来的形状比例，在拖拉鼠标的过程中按住 Shift 键，如图 9-71 所示。

（3）在图层调板中创建一个新的图层，如图 9-72 所示，然后用路径选取工具将王冠图形选中，然后选中工具箱中的画笔工具，在画笔工具 的选项栏中，单击"画笔"后面的小三角，在弹出的调板中选中一个很小的笔触，如 13 像素，如图 9-73 所示，再次单击小三角将弹出的调板关闭。

图 9-72 创建新图层

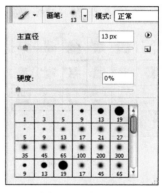

图 9-73 设置画笔

（4）将工具箱中的前景色设置为黑色，在路径调板右上角的弹出菜单中选择"描边路径"命令，在弹出的对话框中选择画笔工具，单击"好"按钮，王冠路径就被画笔进行了描边的操作，如图 9-74 所示。

图 9-74 描边操作

9.4.8　更改形状图层的填充内容

（1）在工具箱中选择自定义形状工具，然后在选项栏中选择形状图层后，在自定义形状的形状调板中任选一个形状，绘制出这个形状，图层调板自动添加一个图层，如图 9-75 所示，路径调板自动生成一个路径层，如图 9-76 所示。

（2）形状图层填充可通过样式和颜色进行修改。样式修改，如图 9-77 所示。

图 9-75　绘制形状

图 9-76　路径调板

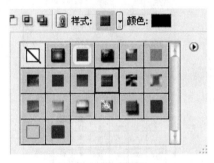

（a）样式调板

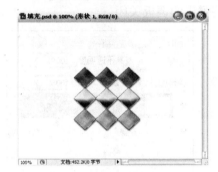

（b）图像样式效果

图 9-77　使用样式

9.5　案例制作

案例 9-1　情人卡——掌握磁性钢笔使用。

本任务要求制作情人卡，如图 9-78 所示，具体要求是在打开的素材中使用磁性钢笔工具抠图等相关知识。

具体操作过程：

（1）打开素材 1 文件。执行"文件"|"打开"命令，打开第 9 章素材 1 文件，如图 9-79 所示。

（2）选择工具箱中的自由钢笔工具，然后在选项栏中勾选磁性选项磁性的，使用磁性钢笔勾画出花朵的轮廓，如图 9-80 所示。

图 9-78　效果图

图 9-79 素材 1

图 9-80 使用磁性钢笔

（3）按 Ctrl+Enter 组合键将路径转换为选区，然后按 Ctrl+Shift+I 组合键选区反选，按 Delete 键删除多余的背景图像，如图 9-81 所示。

（a）将路径转换为选区

（b）图像效果

图 9-81 图像处理

（4）打开素材 2 文件。执行"文件" | "打开"命令，打开第 9 章素材 2 文件，如图 9-82 所示。

（5）将素材 2 移到已经扣好的花朵文件中，调整图层的位置关系，如图 9-83 所示，并按 Ctrl+T 组合键调整图像的比例大小，最后效果如图 9-84 所示。

图 9-82 素材 2

图 9-83 调整图层

图 9-84 效果图

案例 9-2 花朵——掌握钢笔使用。

本任务要求制作花朵，如图 9-85 所示。具体要求是使用钢笔工具绘制图形，学习钢笔工具相关知识。

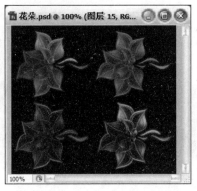

图 9-85　效果图

具体操作过程：

（1）新建立一个文档，设置背景色为黑色，然后建立一个图层，使用钢笔工具绘制曲线，如图 9-86 所示。

（2）按 Ctrl+Enter 组合键制作选区，然后填充为白色，如图 9-87 所示。

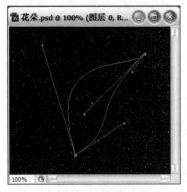

图 9-86　绘制曲线

图 9-87　填充

（3）同样方法再创建新图层，使用钢笔工具绘制另外的线条，然后按 Ctrl+Enter 组合键制作选区，填充为白色，如图 9-88 所示。

（4）合并两个图层，然后填充颜色为：#820000，如图 9-89 所示。

图 9-88　填充

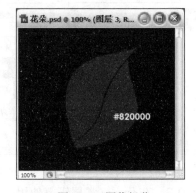

图 9-89　图像操作

（5）新建立图层，在合并图层上按住 Ctrl 键，单击鼠标左键载入选区，然后设置渐变效果如图 9-90 所示。

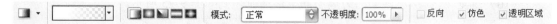

图 9-90 设置渐变效果

（6）对选区应用渐变设置后，效果如图 9-91 所示。

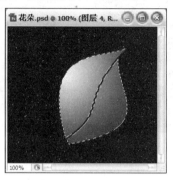

图 9-91 图像效果

（7）按 M 键，用向下的箭头方向键移动选区 1 像素，然后按 Delete 键，效果如图 9-92 所示。

（a）移动选区

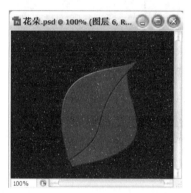

（b）删除操作

图 9-92 图像效果

（8）重复上面的操作步骤（创建新图层，按住 Ctrl 键同步骤 5，单击鼠标左键载入选区，渐变填充）保持选区，然后按 M 键移动选区，效果如图 9-93 所示。

（9）按 Delete 键，然后改变图层模式为叠加或柔光，效果如图 9-94 所示。

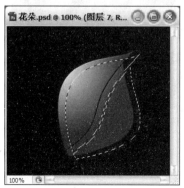

图 9-93 移动选区

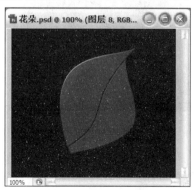

图 9-94 改变图层模式

（10）重复 2～3 次，移动的距离不同，最终制作到如图 9-95 所示。

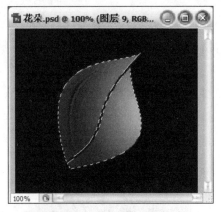

图 9-95　图像效果

（11）使用橡皮擦工具擦掉多余的部分，如图 9-96 所示。

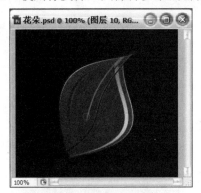　　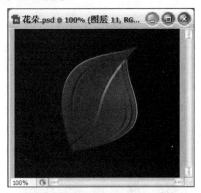

（a）使用橡皮擦工具　　　　　　　　　（b）图像效果

图 9-96　图像效果

（12）合并所有图层，复制几个调整大小后，合并上面四个图层，然后再复制几次，转移方向，效果如图 9-97 所示。

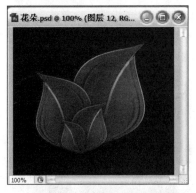　　

（a）复制图层　　　　　　　　　　　（b）图像效果

图 9-97　图像效果

（13）可以添加一些其他的效果，比如去色，然后调整某些图层设置为叠加或柔光等，制作不同的特效，效果如图 9-98 所示。

（a）添加效果　　　　　　　　　　　　（b）效果图

图 9-98　效果图

本章小结

　　本章主要讲解了路径的基本概念、路径的绘制和编辑以及路径调板的使用方法，最后通过案例完善进行路径的综合练习。

习题与应用实例

一、习题

　　1．选择题

　　（1）在 Photoshop 中，可以用来编辑路径的工具有（　　　）。

　　A．钢笔工具　　　B．添加锚点工具　　　C．转换点工具　　　D．删除锚点工具

　　（2）在 Photoshop 中，节点分为（　　　）。

　　A．方向点　　　B．角点　　　　　C．平滑点　　　D．端点

　　（3）Photoshop 中的路径是指用户勾绘出来的由一系列点连接起来的（　　　）。

　　A．线条　　　　B．图形　　　　　C．曲线　　　　D．形状

　　（4）Photoshop 中的路径的组合方式有（　　　）。

　　A．相加　　　　B．相减　　　　　C．相交　　　　D．排除相交区域

　　（5）Photoshop 中从中心绘制正方形应该用哪两个键组合（　　　）？

　　A．Alt　　　　B．Ctrl　　　　　C．Shift　　　　D．Tab

　　2．填空题

　　（1）＿＿＿＿＿＿是由一个或多个直线段或曲线段组成的。

　　（2）＿＿＿＿＿＿有明显的终点，例如波浪线。

　　（3）＿＿＿＿＿＿可以用来随意绘图，就像用铅笔在纸上绘图一样，使用起来很容易。

　　（4）平滑曲线路径由名为＿＿＿点的锚点连接。

　　（5）锐化曲线路径由＿＿＿点连接。

二、应用实例

1. 利用路径工具制作工商银行标志，效果如图 9-99 所示。

图 9-99

操作要点：

（1）椭圆工具、圆角矩形工具等。

（2）路径组合运算方式。

2. 利用路径工具绘制软盘图形，效果如图 9-100 所示。

操作要点：

（1）钢笔工具、矩形工具和椭圆工具。

（2）路径组合运算方式。

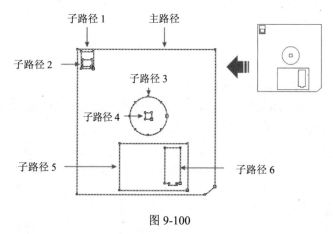

图 9-100

第十章　通　　道

【学习要点】
- 通道调板的使用
- 通道的创建、复制、删除等基本操作
- 通道的分离和合并
- 通道运算

　　本章主要介绍通道控制调板、通道的基本操作、通道运算等内容，通过本章相关知识的学习，对 Photoshop CS3 中通道的运用有比较深入的掌握。

10.1　通道的基本概念

　　通道是 Photoshop CS3 的重要功能之一。在 Photoshop CS3 中，通道用来存放图像的颜色信息、专色信息，还可以保存选区和添加蒙版。

10.1.1　认识通道

　　在 Photoshop CS3 中，我们可以利用通道精确抠图，为复杂的图像创建选区，然后对选区进行处理；也可以针对单色通道来制作艺术效果，还可以保存选区和添加蒙版。另外，可以在图像中创建专色通道来指定专色油墨印刷的附加印版。

　　保存图像颜色信息的通道称为颜色通道。在打开 Photoshop CS3 中打开一幅图像时，系统便自动创建了颜色信息通道，这些通道存放着图像的色彩信息。图像的色彩模式决定创建的颜色通道数目。如图 10-1 所示，RGB 图像有四个默认通道，包括红、绿、蓝三个颜色通道和一个彩色复合通道；如图 10-2 所示，CMYK 图像有五个默认通道，包括青色、洋红、黄色及黑色四个颜色通道和一个彩色复合通道。（彩色复合通道为各个颜色通道叠加的效果）它们都存储在"通道"控制调板中。通常情况下，Photoshop CS3 系统显示的都是图像的主通道。

图 10-1　RGB 图像默认通道　　　　　　　图 10-2　CMYK 图像默认通道

　　每个通道都有它的名称，名称的右边都列出了快捷键，要查看和编辑单个通道，可以按相对应的快捷键或用鼠标左键单击通道。要查看和编辑多个通道，可以按 Shift 键的同时用鼠标左键单击多个通道。

提示：

通道调板左侧的眼睛图标<span></span>，表示通道的显示和隐藏。单击眼睛图标<span></span>，则在显示和不显示该通道之间进行切换。

10.1.2　通道控制调板

在 Photoshop CS3 中可以利用通道控制调板来创建通道和管理通道。选择菜单"窗口"|"显示通道"并打开这个调板，如图 10-3 所示。

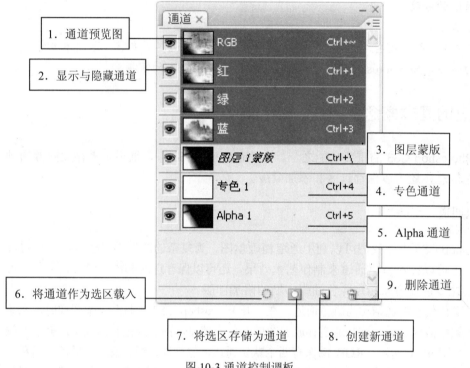

图 10-3 通道控制调板

提示：

（1）创建的 Alpha 通道不是用来存放图像颜色信息，而是用来保存选区。利用 Alpha 通道可以将选区存储为灰度图像。将一个选区保存后，就会成为一个蒙版保存到一个新建通道中，通过这些 Alpha 通道，可以实现蒙版的存储和编辑。

（2）专色通道是指定专色油墨印刷的附加印版，在打印图像时，该通道可以被单独打印。

10.2　通道的操作

10.2.1　创建通道

Photoshop CS3 也允许用户自己创建新通道，称为 Alpha 通道，可以在建立的 Alpha 通道中编辑出一个具有较多变化的蒙版，再由蒙版转换为选取范围应用到图像中。

创建通道的方法：

1．使用"通道"调板弹出的下拉式菜单

（1）单击"通道"控制调板右上角的按钮 ，
弹出下拉菜单，选择"新建通道"命令。

（2）如图 10-4 所示，在打开的"新建通道"
对话框中设置新通道的名称即可。

提示：

①名称：可以输入 Alpha 通道名称，默认情况
下系统依次以 Alpha1、Alpha2 自动命名。

②色彩指示：新通道的颜色显示方式。选择"被

图 10-4 "新建通道"对话框

蒙版区域"选项，即选区以外的区域会以颜色块中指定的颜色显示，如图 10-5（a）所示。
如果选择"所选区域"选项，则选区内的区域会以颜色块中指定的颜色显示，如图 10-5（b）
所示。蒙版颜色是用来辨认遮盖区域的，对图像色彩并无任何影响。而蒙版颜色的不透明度
设定，则是便于用户在图像中准确地选取范围。

图 10-5（a）　选择"被蒙版区域"选项　　　　图 10-5（b）　选择"所选区域"选项

2．使用"通道"调板按钮创建通道

单击通道控制调板底部的"创建新通道"按钮 即可，如图 10-6 所示。

图 10-6　使用"通道"调板按钮创建通道

3．使用图像选区创建通道

将图像中的选区以通道的形式保存起来，创建方法如下：

如图 10-7（a）所示，在图像中创建选区后，单击通道控制调板底部的"将选区转换为
通道"按钮 ，可以将选区存储为通道，如图 10-7（b）所示。

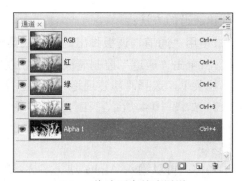

　　（a）　图像中创建选区　　　　　　　　　　（b）　将选区存储为通道

图 10-7

10.2.2　通道的复制与删除

　　将一个选取范围保存为通道后，想对这个选取范围（即通道中的蒙版）进行编辑，通常先将该通道复制后再进行编辑，以免编辑后不能还原。

1．复制通道的两种常用方式

　　（1）第一种方式。

　　选择要复制的通道，单击"通道"控制调板右上角的按钮，弹出下拉菜单，选择"复制通道"命令，如图 10-8 所示，在打开的"复制通道"对话框中设置复制后的通道名称，单击"确定"即可。

　　"复制通道"对话框中参数设置如下：

　　①"为"文本框：可设置复制后的通道名称。

　　②"文档"下拉列表框：选择要复制的目标图像文件。选择不同的图像文件，可将 Alpha 通

图 10-8　"复制通道"对话框

道复制到不同的图像文件中。如果选择"新建"选项，可将 Alpha 通道复制到一个新建图像文件中，然后在下方的"名称"文本框中输入新图像文件名称即可。

　　③"反相"复选框：此复选框用于设置复制通道的内容是否反转，即复制后的通道颜色会以反相显示，如黑变白。

　　（2）第二种方式。

　　将"通道"控制调板中需要复制的通道拖动到通道控制调板底部的"创建新通道"按钮上，被拖动的通道复制成为一个新的通道。

　　案例 10-1　通过给图像文件复制一个新通道，在通道中编辑选区，给树木替换蓝天背景。

　　制作步骤：

　　（1）打开"树木"图像，如图 10-9 所示，单击"通道"控制调板查看各通道，经过分析可以看出树木在蓝色通道中与背景对比最为鲜明。

　　（2）将蓝通道拖动到通道控制调板底部的"创建新通道"按钮上，被拖动的通道复制成为一个新的通道"蓝副本"，如图 10-10 所示。

图 10-9　"树木"图像

图 10-10　复制新通道"蓝副本"

（3）当前通道为"蓝副本"通道，选择"调整"|"色阶"命令，参数设置如图 10-11 所示，图像效果如图 10-12 所示。

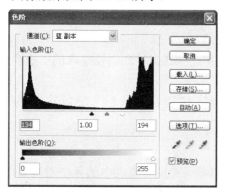

图 10-11　色阶对话框

图 10-12　图像效果

（4）单击通道控制调板底部的将"通道作为选区载入"按钮 ，通道中白色部分被载入选区，如图 10-13 所示，单击 RGB 主通道，回到图像中，按 Shift+Ctrl+I 组合键进行反选，画面效果如图 10-14 所示。

图 10-13　单击 RGB 主通道

图 10-14　反选画面效果

（5）单击图层调板底部的"添加图层蒙版"按钮 ，画面效果如图 10-15 所示。打开"天空"图像文件，拖动复制到"树木"图像中，调节图层顺序，"图层 1"在"图层 0"下方作为背景，画面最终效果如图 10-16 所示。

图 10-15　添加图层蒙版效果

图 10-16　画面最终效果

2．删除通道

为了节省硬盘的存储空间，可以删除没有用的通道。删除通道的常用方法有以下几点。

（1）选择要删除的通道，单击"通道"控制调板右上角的按钮，弹出下拉菜单，选择"删除通道"命令即可。

（2）将"通道"控制调板中需要删除的通道拖动到通道控制调板底部的"删除通道"按钮上即可。

（3）选择要删除的通道，在通道名称上单击鼠标右键，选择"删除通道"命令。

10.2.3　通道的分离和合并

使用通道调板菜单中的"分离通道"命令，可以将一个图像文件中的各个通道分离出来，各自成为一个单独通道文件。各个通道文件编辑完成后，可以将各个独立文件合成为一个图像文件，这就是通道的分离和合并。

1．分离通道

分离后的各个文件都将以单独的窗口显示出来，均为灰度图。其文件名为原文件的名称加上通道名称的缩写。如对于 RGB 图像可以分离出红、绿、蓝三个原色图像。彩色索引模式图像和灰度模式的图像不能进行通道分离。对图像使用通道分离后，可以进行通道图像编辑修改、通道图像替换、分色输出等操作。

2．合成通道

合成通道与分离通道正好相反，它可以将多个灰度图像重新合成为一个新的彩色图像。在使用合成通道功能时，要求要合成的各图像模式必须是灰度模式，具有相同的图像尺寸并且处于打开状态。

案例 10-2　将打开的图像分离通道，然后对分离出来的通道文件进行编辑处理，最后再合成通道。

制作步骤：

（1）打开"背影"图像，如图 10-17 所示，单击"通道"控制调板右上角的按钮，弹出下拉菜单，选择"分离通道"命令。

（2）"红"、"绿"、"蓝"通道被分离出来，打开"女孩"图像，并拖动复制到分离的"背影.jpg_R"图像中，然后选择"图层"|"拼合图像"命令，如图 10-18 所示。

图 10-17 "背影"图像

图 10-18 拼合图像效果

（3）单击"通道"控制调板右上角的按钮，弹出下拉菜单，选择"合并通道"命令，如图 10-19（a）所示，在打开的"合并通道"对话框中设置合并模式为 Lab 颜色，通道数为 3，单击"确定"按钮，如图 10-19（b）所示，继续单击"确定"按钮。

（a）合并模式

（b）合并指定通道

图 10-19 合并通道

（4）合并通道后的图像效果如图 10-20（a）所示，通道调板如图 10-20（b）所示。

（a）图像效果

（b）通道调板

图 10-20 图像最终效果

10.3 通道运算

通道运算，可以将一个图像内的各通道或者将不同图像内的通道按照各种合成方式进行合成处理，从而产生特殊的艺术效果。

10.3.1 "应用图像"命令的使用

应用图像可以将一幅或多幅图像的图层或通道进行混合，从而创建新的图像。在应用"应用图像"命令进行图像合成时，参与的图像文件必须具有相同尺寸、分辨率，否则该命令只针对某个单一的图像文件进行通道或图层的某种混合。

　　"应用图像"对话框，如图 10-21 所示。

　　对话框中各参数意义如下：

　　（1）"源"下拉列表：可以选择需要合并图像的源。

　　（2）"图层"下拉列表：可以选择需要进行混合的图层。

　　（3）"通道"下拉列表：可以选择需要进行混合的通道。

图 10-21　"应用图像"对话框

　　（4）"混合"下拉列表：可以从其中提供的多种混合模式选择其一。

　　（5）"不透明度"文本框：设置"源"下拉列表中所选图像的不透明度。

　　（6）"蒙版"复选框：可以再选择一个通道或图层作为当前图像的蒙版来混合图像。

案例 10-3　将两个尺寸相同的图像文件进行"应用图像"，以合成一幅新图像。

制作步骤：

　　（1）打开"金字塔"图像和"星空"图像，如图 10-22 所示。

（a）"金字塔"图像　　　　　　　　　（b）"星空"图像

图 10-22　原图像

　　（2）如图 10-23 所示，分别选择菜单"图像"|"图像大小"命令，设置两个图像文件大小和分辨率相同。

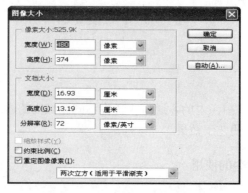

图 10-23　"图像大小"对话框

（3）选择当前图像文件为"金字塔"图像，选择"图像"|"应用图像"命令，如图 10-24 所示，在打开的"应用图像"对话框中设置源图像为"星空"图像，目标图像为"金字塔"图像，混合模式为"正片叠底"，单击"确定"按钮，图像合成效果如图 10-25 所示。

图 10-24　"应用图像"对话框　　　　　图 10-25　图像合成效果

10.3.2　"计算"命令的使用

"计算"命令可以将一幅或多幅图像的图层或通道进行混合，然后将结果应用到新图像或当前图像的新通道中，还可以直接将结果转换为选择区域。

"计算"对话框，如图 10-26 所示。

对话框中各参数意义如下：

（1）"源 1"和"源 2"下拉列表：选择源图像文件的名称。

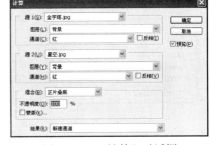

（2）"图层"下拉列表：可以选择源图像文件中的图层。

（3）"通道"下拉列表：可以选择源图像文件中的通道。

图 10-26　"计算"对话框

（4）"混合"下拉列表：可以选择通道混合模式。

（5）"蒙版"复选框：勾选"蒙版"复选框，能为"源 1"的图像添加蒙版。

（6）"结果"下拉列表：该选项用来设定进行运算操作后的结果。其下拉列表中提供了三种模式：新文档、新建通道及新建选区，可以根据不同的需要选择不同的结果。

案例 10-4　利用"计算"命令制作图像选区并合成图像。

制作步骤：

（1）打开"01"图像，如图 10-27 所示。

（2）单击"通道"控制调板查看各通道，经过分析可以看出人物在蓝色通道中与背景对比最为鲜明。将蓝通道拖动到通道控制调板底部的"创建新通道"按钮 上，被拖动的通道复制成为一个新的通道"蓝副本"，如图 10-28 所示。

（3）选择菜单命令"图像"|"计算"命令，在打开的"计算"对话框中设置各项参数，如图 10-29 所示，单击"确定"按钮，在"通道"调板中得到 Alpha1 通道，如图 10-30 所示。

图 10-27　"01"图像

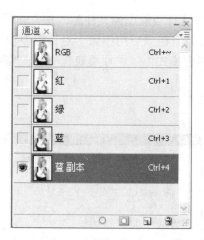

图 10-28　复制新通道"蓝副本"

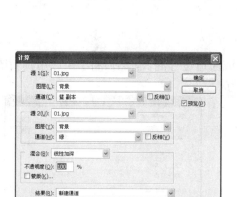

图 10-29　"计算"对话框

图 10-30　得到 Alpha1 通道

（4）为了方便处理图像，选择"图像"|"调整"|"反相"命令，对 Alpha1 通道进行反相，图像画面如图 10-31 所示。选择"调整"|"色阶"命令，参数设置如图 10-32 所示。

图 10-31　反相

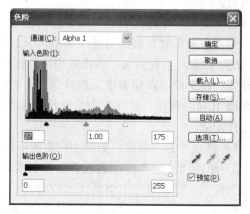

图 10-32　"色阶"对话框

（5）经过色阶调整后，使图像黑白效果对比更鲜明，如图 10-33 所示。设置前景色为白色，选择画笔工具 🖌 在图像人物中进行涂抹，如图 10-34 所示。

图 10-33　图像黑白效果　　　　　　　　　图 10-34　涂抹图像

（6）单击通道控制调板底部的将"通道作为选区载入"按钮◎，Alpha1 通道中白色部分被载入选区，单击 RGB 主通道，回到图像中，切换到"图层"调板，按 Ctrl+J 组合键复制选区内的图像，生成"图层 1"图层。单击图层控制调板左侧的"显示与隐藏"按钮，隐藏背景图层，效果如图 10-35 所示。

图 10-35　　"图层 1"图层图像

（7）打开"科幻"图像文件，如图 10-36 所示。选择移动工具 ，拖动"01"图像中的"图层 1"到"科幻"图像中，设置"图层 1"图层的混合模式为"叠加"，画面最终效果如图 10-37 所示。

图 10-36　"科幻"图像　　　　　　　　　图 10-37　画面最终效果

本章小结

本章主要介绍了通道的功能和基本操作,通过实例制作学会如何利用通道对复杂的图像精确抠图,如何通过保存选区并对选区进行处理为图像制作艺术效果。

习题与应用实例

一、习题

1．填空题

（1）按____键的同时单击 Alpha 通道，可以载入其对应的选区到图像中。

（2）CMYK 颜色模式的图像有____个通道，分别是_____通道。

（3）在应用"应用图像"命令进行图像合成时，参与的图像文件必须具有相同的____、____。

（4）在 Photoshop CS3 中用户自己创建的新通道，称为____通道。

（5）使用通道调板菜单中的____命令，可以将一个图像文件中的各个通道分离出来，各自成为一个单独通道文件。

2．选择题

（1）关于通道的主要用途，下面说法正确的是（   ）。

A．存放图像的颜色信息   B．存放图像的专色信息

C．可以保存选区   D．添加蒙版

（2）在通道调板中，（   ）将选区保存为通道，（   ）可以将通道载入选区，（   ）可以复制通道，（   ）删除通道。

A．拖动所选通道到 图标上   B．单击 图标

C． 图标   D．拖动所选通道到 图标上

（3）对于 RGB 图像，按（   ）键选择复合通道，按（   ）键选择红通道，按（   ）键选择绿通道，按（   ）键选择蓝通道。

A．Ctrl+3   B．Ctrl+2   C．Ctrl+1   D．Ctrl+～

（4）要查看和编辑多个通道，可以按（   ）键的同时用鼠标左键单击多个通道。

A．Ctrl   B．Shift   C．Alt   D．Tab

（5）在使用合成通道功能时，要求要合成的各图像模式必须是（   ）模式，具有相同的图像尺寸并且处于打开状态。

A．RGB   B．CMYK   C．灰度   D．Lab

二、应用实例

1．彩沙文字制作，效果如图 10-38 所示。

提示：

（1）新建宽度 800 像素，高度 200 像素，分辨率 72 像素／英寸的文件，将前景色设为黑色，背景色为白色。

（2）切换到"通道"调板，新建通道"Alpha1"，输入文字"生日快乐"，字体隶书，大小 200 点，按 Ctrl+D 组合键取消选择。

（3）选择"滤镜"|"模糊"|"高斯模糊"，半径值为 5 像素。选择"图像"|"应用图像"命令，在对话框中设置混合模式为"滤色"。按住 Ctrl 键单击 Alpha1 通道，载入其选区，单击 RGB 通道，切换到"图层"调板，新建"图层 1"。

（4）选择"渐变"工具，选择"透明彩虹渐变"类型，使用"线形渐变"，在文字选区中从左至右拖动。选择"滤镜"|"杂色"|"添加杂色"命令，在对话框中设置"数量"30%，高斯分布，选择"单色"复选框，按 Ctrl+D 组合键取消选择。

（5）选择"图层"调板下方的"图层样式"按钮，选择"外发光"和"斜面和浮雕"效果，进行调节。

（6）打开"烛光"图像，将刚才制作的沙土文字拖动到图像中，放到合适位置即可。最终效果如图，如图 10-38 所示。

图 10-38

2．凹凸文字制作，效果如图 10-39 所示。

图 10-39

提示：

（1）新建宽度 340 像素，高度 170 像素，分辨率 72 像素／英寸的文件。切换到"通道"调板，新建通道"Alpha1"，输入文字"金属"，字体隶书，调整大小和位置，按 Ctrl+D 组合键取消选择。

（2）将"Alpha1"通道拖动复制到"创建新通道"图标上，并命名为"Alpha2"。选择

"滤镜"|"模糊"|"高斯模糊"命令，设置半径值为 3 像素。按 Ctrl 键单击"Alpha2"通道，得到"Alpha2"通道的 选区，选择"滤镜"|"模糊"|"高斯模糊"命令，设置半径值为 9 像素。

（3）按 Ctrl+I 组合键反转选区内图像色彩，选择"图像"|"调整"|"亮度/对比度"命令，在打开的对话框中设置"亮度"值为 100，对比度为 0。

（4）再一次选择"图像"|"调整"|"亮度/对比度"命令，在打开的对话框中设置"亮度"值为 50，对比度为 0。

（5）按 Ctrl 键单击"Alpha1"通道，得到"Alpha1"通道的选区，按 Ctrl+～返回到 RGB 通道。选择"选择"|"修改"|"收缩"命令，设置收缩值为 1 像素。再选择"选择"|"修改"|"平滑"命令，设置平滑半径值为 2 像素。按 Ctrl+Alt+D 组合键进行羽化，羽化值为 1 像素。

（6）设置前景色 R:128，G:0，B:25，选择"编辑"|"填充"命令，填充前景色，按 Ctrl+D 组合键取消选择。

（7）选择"滤镜"|"渲染"|"光照效果"命令，参数设置"强度"为 17，"聚焦"为 92，"材料"为 100，"曝光度"为 13，"环境"为 18，"纹理通道"选择"Alpha2"通道，"高度"为 53，单击"确定"按钮即可完成。

第十一章 文 字 处 理

【学习要点】
- 了解文字工具的使用方法，掌握如何创建文字
- 了解和掌握文字图层的特性和使用方法
- 了解字符和段落面板的使用方法
- 掌握文字简单弯曲特效的编辑

文字处理是 Photoshop 的重要功能之一。熟练掌握文字工具可以对设计起到很好的作用，因此学习 Photoshop 软件一定要把文字工具学好、学通。

11.1 文字工具

在平面设计中，文字占有很重要的地位。一些重要信息一般都是通过文字来传达的，如果再给文字加/上一些特效，在图像中往往起到画龙点睛的作用，如图 11-1 所示。

图 11-1 文字工具

11.1.1 文字工具组

在工具箱中选择文字输入工具 T，按住鼠标左键不放，会出现四个文字工具，包括：文字工具组和文字蒙版工具组，如图 11-2 所示。

（1）文字工具组。文字图标 T 代表水平文字输入，文字图标 T 代表垂直文字输入。

在工具箱直接单击文字工具 T 或者按字母 T 键，然后在工作区单击，系统就会自动生成一个新的文字图层，图层上有一个 T 字母，并且会按照输入的文字命名新建的文字图层；同时光标处于闪动状态，代表可以输入文字信息，如图 11-3 所示。

图 11-2 文字工具组和文字蒙版工具组

图 11-3 文字图层

如果要设置或者改变文字的字体、字号等属性，可以在文字工具选项栏中进行设置或者修改，如图 11-4 所示。

图 11-4　文字工具选项栏

① 按钮 T·：当前选中的文字工具。

② 按钮 ⏐T：改变文字方向（直排或横排）。

③ 按钮 Arial：字体选择菜单列表。

④ 按钮 Regular：设定字形，如粗体、斜体等。

⑤ 按钮 ⏐T 60点：设置字体大小，可在列表中选择，也可以输入数值。

⑥ 按钮 ªₐ 锐利：设定消除锯齿的选项。

⑦ 按钮 ≡≡≡：文字对齐方式，左对齐、居中对齐和右对齐。

⑧ 按钮 ■：文字颜色设置。

⑨ 按钮 ⚒：调出文字弯曲对话框。

⑩ 按钮 ▤：调出字符和段落对话框。

⑪ 按钮 ⊘✓：取消和应用当前文字编辑。

（2）文字蒙版工具组。文字图标 ▥ 代表水平文字蒙版，文字图标 ▥ 代表垂直文字蒙版。

在使用文字蒙版工具时，在工作区单击，会出现光标闪动状态，但整个工作区会被蒙上一层半透明的红色，相当于快速蒙版的状态，此状态下可以直接输入文字信息，并对文字进行编辑和修改，如图 11-5 所示。单击工具箱中的其他工具，蒙版状态的文字转变为浮动的文字边框，相当于创建的文字选区，如图 11-6 所示。

图 11-5　蒙板状态文字

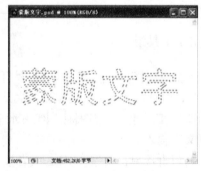

图 11-6　浮动文字框

11.1.2　创建点文字

在 Photoshop 中，直接选择文字工具并在工作区单击后输入少量文字。一个字或者一行字符，称为"点文字"。当选中文字时不会出现文字框。

创建的点文字是不会自动换行的，可以通过回车键使之进入下一行，如图 11-7 所示。

11.1.3　创建段落文字

段落文字具备自动换行功能。有三种创建段落文字

图 11-7　点文字

的方法。

（1）在工作区，选择文字工具后，直接按住鼠标左键不放，拖出矩形后松开鼠标就会创建一个段落文字框，如图 11-8 所示。

（2）选择文字工具后，按住 Alt 键不放，在工作区单击，会弹出段落文字大小对话框。在对话框中输入宽度和高度，单击"好"按钮就会创建一个段落文字框，如图 11-9 所示。

（3）选择文字工具后，按住 Alt 键不放，在工作区拖出矩形后松开鼠标，会弹出段落文字大小对话

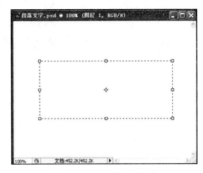

图 11-8　段落文字框

框。在对话框中输入当前段落文字的宽度和高度，同时也可以对现有的段落文字进行修改，如图 11-10 所示。

图 11-9　段落文字大小设置对话框　　　　　图 11-10　段落文字大小修改对话框

通过上述方法就可以创建段落文字了，如创建段落文字，如图 11-11 所示。

提示：当段落文字框右下角出现"田"字形，表明还有文字没有显示出来，如图 11-12 所示。

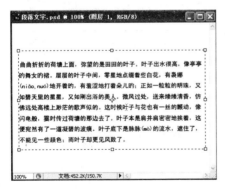

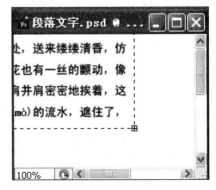

图 11-11　段落文字　　　　　　　　　　图 11-12　未显示文字

编辑文字框，常用的方法如下：

（1）按住 Ctrl 键的同时，将鼠标放在文字框各边框中心的边框把手上拖拉，可以使文字框发生倾斜变形。如果按住 Shift 键，可限制变形的方向，如图 11-13 所示。

（2）当鼠标移到文字框任何一个把手上，都会变成双向箭头，此时就可以拖拉鼠标旋转文字框了，文字也将随之旋转，如图 11-14 所示。

图 11-13 文字框变形

图 11-14 文字框旋转

11.2 编辑文字

文字可以通过相关的选项设置等进行编辑。

11.2.1 更改文字的内容和位置

更改文字的内容：可以通过文字工具双击文字图层的 **T** 图标后进行更改，也可以直接用文字工具在工作区的文字上进行双击后更改。

更改文字的位置：可以通过移动工具进行文字的移动，如图 11-15 所示；也可以在输入完文字后，将文字工具移出文字后变成黑色箭头后进行移动，如图 11-16 所示；也可以在选中移动工具的同时，按键盘上的四个箭头方向键进行移动，每次移动 1 像素。如果按住 Shift+箭头则每次移动 10 像素。

图 11-15 通过移动工具移动文字

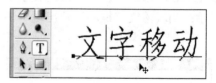

图 11-16 通过文字工具移动文字

11.2.2 使用"字符"调板

单击文字工具选项栏上的"段落调板"按钮，可以设置更多的文字格式；在"字符"调板，执行"窗口"|"字符"命令也可以打开，如图 11-17 所示。

（1）设置字体系列 FangSong_GB2312 ：从设置字体的下拉列表中可以为文本选择字体。

（2）设置字体大小 **T** 72 pt ：可以通过下拉列表选择字号，也可以直接输入所需要的数值。文字单位是点（**pt**），也可以通过"单位和标尺"命令修改文字的单位。

图 11-17 字符调板

（3）大小缩放：垂直缩放  和水平缩放 用于控制字形之间的拉长和压缩，如图 11-18 和图 11-19 所示。

图 11-18　垂直缩放 200% 　　　　　　　　图 11-19　水平缩放 200%

（4）设置间距 和 工具可以精确地控制两个字符之间的距离。

（5）设置基线偏移：设置文本的基线，可以升高或降低所选文字以创建上标和下标，如图 11-20 所示。

（6）设置行距：可以设置行与行之间的间距。

（7）设置文字颜色：可以对文字的颜色进行设定。

图 11-20　基线偏移 20pt

（8）另外几个图标 分别用于设置粗体、斜体、大写字母、小型大写字母、上标、下标、下划线和删除线的效果。

（9）消除锯齿：该选项可以通过部分地填充边缘像素来产生边缘平滑的文字。

（10）为文本指派语言：Photoshop 使用语言词典来检查连字符连接，并检查拼写。可以为整个文档指派语言，也可以将语言应用于选定文本。

11.2.3　使用"段落"调板

所谓段落是指末尾带有回车的任何范围的文字。点文字，每行是一个单独的段落。段落文字，一段可能有多行。打开段落调板，如图 11-21 所示。

1．段落对齐

Photoshop 中"段落调板"可以设置不同的段落排列方式。在调板中第一排图标从左到右分别表示文字：左对齐、居中对齐、右对齐、最后一行左对齐、最后一行居中对齐、最后一行右对齐和全部对齐。选中欲设置段落排列方式的文字，并在段落调板上单击段落排列方式图标，即可设置文字的段落对齐方式。

当文字转成直排的时候，表示段落排列的图标也变成直排。各项的设定和横排文字类似，如图 11-22 所示。

图 11-21　段落调板

图 11-22　直排段落调板

2. 段落缩进及段前段后距

段落缩进用来指定文字与文字块边框之间的距离，或是首行缩进文本块的距离。缩进只影响选中的段落，因此可以很容易地为不同的段落设置不同的缩进。

可以选中一个文本段落进行缩进设定，或在图层调板中选择一个文字图层对整个图层进行缩进的设定。

（1）左缩进 0 pt：从段落左端缩进。直排文字，从段落顶端缩进。

（2）右缩进 0 pt：从段落右端缩进。直排文字，从段落底部缩进。

（3）首行缩进 0 pt：缩进段落文字的首行。

（4）段前距 0 pt 和段后距 0 pt：用来设定段落之间的距离。

（5）避头尾法则设置 避头尾法则设置: 无 ：避头尾法则指定亚洲文本的换行方式。不能出现在一行的开头或结尾的字符称为避头尾字符。Photoshop 提供了基于日本行业标准（JIS）X 4051-1995 的宽松和严格的避头尾集。宽松的避头尾设置忽略长元音字符和小平假名字符。

在“段落”调板中，从“避头尾法则”弹出式菜单中选取一个选项：

- 无：不使用避头尾法则。
- JIS 宽松设置。

不能用于行首的字符，如 ’ ” 、。々〉》」』】〕ゝゞ・ヽヾ！），．：；？］｝。

不能用于行尾的字符，如 ‘ “ 〈《「『【〔（［｛。

- JIS 严格设置。

不能用于行首的字符如下：

！），．：；？］｝￠ — ’ ” ‰ ℃ ℉ 、。々〉》」』】〕

ぁぃぅぇぉっゃゅょゎ

ゝゞ

ァィゥェォッャュョヮヵヶ

・ーヽヾ！％），．：；？］｝。

不能用于行尾的字符，如 （［｛£ § ‘ “ 〈《「『【〒〔＃＄（＠［｛￥。

（6）间距组合设置 间距组合设置: 无 ：确定日语文字中标点、符号、数字和其他字

符种类之间的间距。

在"段落"调板中，从"间距组合"弹出式菜单中选取选项：

● 无。

关闭间距组合的使用。

● 间距组合 1。

对标点使用半角间距。

● 间距组合 2。

对除行中最后一个字符外的大多数字符使用全角间距。

● 间距组合 3。

对大多数字符和行中最后一个字符使用全角间距。

● 间距组合 4。

对所有字符使用全角间距。

（7）连字 ☑连字 ：适用于 Roman 字符，中文不受影响。

段落调板右侧的扩展按钮中的命令主要是针对 Roman 字符的，如对齐、连字、罗马式溢出标点等。

11.2.4　文字变形

对于文字图层中输入的文字可以通过"变形"选项进行不同形状的变形。如波浪、弧形等。"变形"操作对文字图层上所有的字符有效，不能只对选中的字符执行弯曲变形。

当文字图层执行了"变形"操作后，段落文字的边框就不能像正常的文字块那样进行变形或调节大小了。

1. 变形操作步骤

（1）选择工具箱中的文字工具，输入一些文字，并在文字工具选项栏中对文字进行设定，这时在图层调板上会看到产生一个新的文字图层。

（2）在文字工具选项栏上单击弯曲变形按钮，接着弹出"变形文字"对话框，如图 11-23 所示。该对话框可以进行各种设定。"样式"后面是一个弹出的菜单，可以在 15 种效果中选择所需要的弯曲样式，如图 11-24 所示；"水平"、"垂直"选项用来设定弯曲的中心轴是水平或垂直方向；"弯曲"用来设定文本的弯曲程度。数值越大，弯子弯曲程度也越大；"水平扭曲"用来设定文本在水平方向产生扭曲变形的程度；"垂直扭曲"用来设定文本在垂直方向扭曲变形的程度。

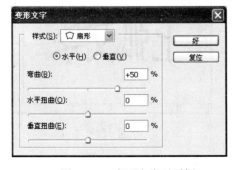

图 11-23　变形文字对话框

图 11-24　变形文字对话框列表

（3）设定完成后，单击"好"按钮，将设定应用到当前编辑的文字中可看到文字弯曲效果，效果图中"水平扭曲"和"垂直扭曲"的设置均为 0，但为了效果的表现，"弯曲"的数值设定有变化。如果对编辑的效果不满意，还可以单击弯曲变形按钮重新编辑。

注意：有两种情况文字图层是不执行"变形"命令的。一种是文字图层中的文字只用点阵字（图片）而没有 TrueType 字；另一种是文字图层中的文字执行了字符调板弹出菜单中"伪粗体"命令。

2．不同变形文字效果

（1）扇形文字效果，如图 11-25 所示。

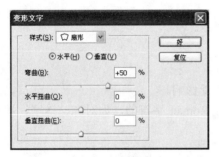

（a）对话框   （b）效果图

图 11-25 扇形

（2）下弧文字效果，如图 11-26 所示。

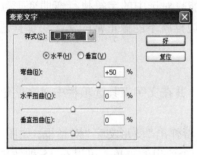

（a）对话框   （b）效果图

图 11-26 下弧

（3）上弧文字效果，如图 11-27 所示。

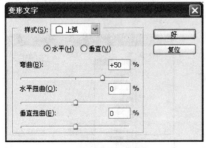

（a）对话框   （b）效果图

图 11-27 上弧

（4）拱形文字效果，如图 11-28 所示。

（a）对话框

（b）效果图

图 11-28　拱形

（5）凸起文字效果，如图 11-29 所示。

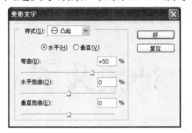

（a）对话框

（b）效果图

图 11-29　凸起

（6）贝壳文字效果，如图 11-30 所示。

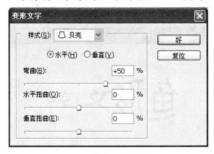

（a）对话框

（b）效果图

图 11-30　贝壳

（7）花冠文字效果，如图 11-31 所示。

（a）对话框

（b）效果图

图 11-31　花冠

（8）旗帜形文字效果，如图 11-32 所示。

（a）对话框　　　　　　　　　　　　　（b）效果图

图 11-32　旗帜

（9）波浪文字效果，如图 11-33 所示。

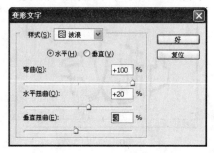 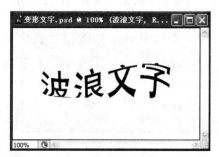

（a）对话框　　　　　　　　　　　　　（b）效果图

图 11-33　波浪

（10）鱼形文字效果，如图 11-34 所示。

（a）对话框　　　　　　　　　　　　　（b）效果图

图 11-34　鱼形

（11）增加文字效果，如图 11-35 所示。

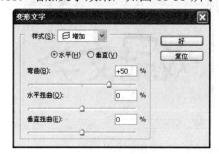 

（a）对话框　　　　　　　　　　　　　（b）效果图

图 11-35　增加

（12）鱼眼文字效果，如图 11-36 所示。

（a）对话框　　　　　　　　　　　（b）效果图

图 11-36　鱼眼

（13）膨胀文字效果，如图 11-37 所示。

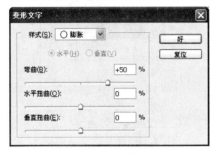

（a）对话框　　　　　　　　　　　（b）效果图

图 11-37　膨胀

（14）挤压文字效果，如图 11-38 所示。

（a）对话框　　　　　　　　　　　（b）效果图

图 11-38　挤压

（15）扭转文字效果，如图 11-39 所示。

（a）对话框　　　　　　　　　　　（b）效果图

图 11-39　扭转

11.2.5　栅格化文字图层

在 Photoshop 软件中，可以将创建的文字图层转变为图像图层后执行各种滤镜效果。

首先在图层调板中选择文字图层，然后选择"图层"|"栅格化"|"文字"命令，可以看到图层调板中文字图层缩览图上的 T 字母消失了，也就是文字图层变成了普通的像素图层，此时图层上的文字信息就变成了像素信息，不能再进行文字的编辑，但可以执行所有图像可以执行的命令。但文字图层的图层样式并不受影响，在文字图层转化为图像图层后仍可以进行修改，如图 11-40 和图 11-41 所示。

图 11-40　文字图层　　　　　　　　图 11-41　栅格化文字图层

11.2.6　由文字生成路径

在图层调板中选中文字图层，然后选择"图层"|"文字"|"创建工作路径"命令，可以看到文字上有路径显示；也可以在文字图层单击鼠标右键，选择"创建工作路径"选项。在路径调板中看到一个根据文字图层创建的工作路径。但工作路径的创建对原来的文字图层没有任何影响，如图 11-42 所示。

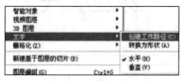

（a）"创建工作路径"命令　　　　　　　　（b）图像效果

图 11-42　创建文字路径

11.2.7　文字转化为图形

文字转化为图形的方式有两种。

（1）在将文字图层中的文字创建为工作路径后，新建一个图层，然后在路径调板中给创建的文字路径进行描边处理，如图 11-43 所示。

（2）选中文字图层，选择"图层"|"文字"|"转化为形状"命令，在图层调板中可看到文字图层转变为形状图层，也可以在文字图层单击鼠标右键，选择"转化为形状"选项。左侧的图标表示形状图层的填充颜色，右侧的图标表示图形的形状，在路径调板中可看到临时的矢量蒙版所表示的路径，如图 11-44 所示。

（a）描边路径

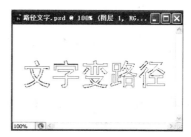
（b）图像效果

图 11-43　描边后的文字路径

（a）文字图层

（b）转化为形状

图 11-44　文字转化为形状前后

11.2.8　在路径上创建文字

　　用钢笔工具或形状工具绘制出路径的样式，然后选择文字工具，将鼠标放在路径上，然后单击鼠标左键，即可按照路径的样式进行文字的输入了。文字的修改仍按照前面的修改方法进行设置，如图 11-45 所示。

　　修改路径上的文字，可以利用文字相关属性进行修改，另外也可以通过路径选取工具 对路径上的文字进行移动和文字方向的调整，如图 11-46 所示为路径上还有文字未显示出来，可以通过路径选取工具拉出其他文字。

图 11-45　路径上创建文字

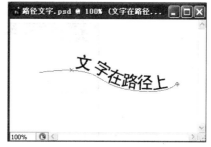
图 11-46　路径上文字未显示完

11.3　文字图层的转换

11.3.1　点文字与段落文字的转换

　　判断当前的文字类型很容易，如果用文字工具在文字上单击，有文字框显示，表示此文

字是段落文字，没有文字框显示，表示该文字是
点文字，如图 11-47 所示，上面一行是点文字，
下面一行是段落文字。

　　点文字和段落文字之间的互相转换。如果将
一个点文字转换为段落文字，首先要在图层调板
中选中要转换的点文字图层，然后执行"图层"|
"文字"|"转换为段落文本"菜单命令；如果要
将一个段落文字转换为点文字，在图层调板中选
中要转换的段落文字图层，然后执行"图层"|"文
字"|"转换为点文本"菜单命令（注：点文字和

图 11-47　点文字和段落文字

段落文字相互转换，在菜单中相应的命令会随之改变），如图 11-48 所示。

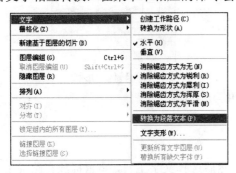
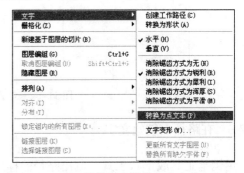

（a）点文字转换为段落文字　　　　　　（b）段落文字转换为点文字

图 11-48　点文字和段落文字转换命令

11.3.2　横排文字与直排文字的转换

　　横排文字和直排文字可以通过执行"图层"|"文字"|"水平（垂直）"命令来进行转换，
如图 11-49 所示，也可以通过单击选项栏中的 ▣ 来进行转换。

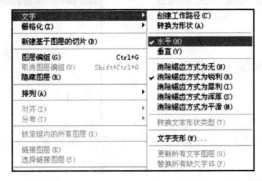

图 11-49　横排与直排文字转换命令

11.4　案例制作

　　案例 11-1　字中画——掌握制作剪贴蒙版文字。

本任务要求制作字中画，如图 11-50 所示。具体要求是在打开的素材中输入文字，并将文字和图像创建"剪贴蒙版图层"等知识。

具体操作过程：

（1）打开素材 1 文件。执行"文件"|"打开"命令，打开第 11 章中 11-1 文件中的素材 1 文件，如图 11-51 所示。

图 11-50　效果图　　　　　　　　　　　　　图 11-51　素材 1

（2）将背景层变为普通层，双击"图层"面板中的背景层，在弹出的新建图层对话框中单击确定按钮，如图 11-52 所示。此时背景层变为图层 0，即普通图层，图层面板如图 11-53 所示。

图 11-52　"新建图层"对话框　　　　　　　　图 11-53　图层面板

（3）输入文字。单击工具箱中文字工具 T，在素材 1 文件中输入文字，并调整文字的字体和字号，如图 11-54 和图 11-55 所示。

（4）创建剪贴蒙版文字。将文字层放在图层 0 的下面，将鼠标放在图层 0 和文字层的中间部分，按住 Alt 键单击，指针将变成两个叠交的圆，此时就创建了剪贴蒙版文字，如图 11-56 和图 11-57 所示。

图 11-54　文字输入　　　　　　　　　　　图 11-55　字符调板对话框

图 11-56　剪贴蒙版图层

图 11-57　剪贴蒙版文字

（5）打开素材 2。执行"文件"|"打开"命令，打开第 11 章中 11-1 文件中的素材 2 文件，如图 11-58 所示。

（6）将素材 2 导入素材 1 中，单击 按钮，单击并拖动鼠标将其移动到素材 1 中，按快捷键 Ctrl+T，调整文件的大小，并将其放到合适的位置，如图 11-59 和图 11-60 所示。

注：可以使用移动工具 移动创建剪贴蒙版的图层位置，从而达到满意的效果。

图 11-58　素材 2

图 11-59　图层面板

图 11-60　最终效果

案例 11-2　卡通日历制作——掌握文字编辑。

本任务要求制作卡通日历，分别输入年、月、日，并学习在字符面板中调整各文字的字体、字号等知识，如图 11-61 所示。

具体操作过程：

（1）打开素材 1 文件。执行"文件"|"打开"命令，打开第 11 章中 11-2 文件中的素材 1 文件，如图 11-62 所示。

图 11-61　效果图

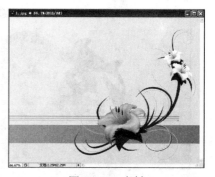

图 11-62　素材 1

（2）输入文字 2008。在字符调整面板中选择字体为"华文彩云"，字体大小为 72pt，如图 11-63 和图 11-64 所示。

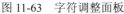

图 11-63 字符调整面板

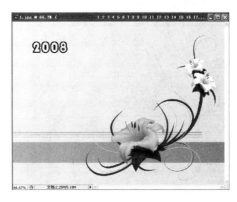

图 11-64 文字 2008

（3）输入文字八月。在字符调整面板中选择字体为"华文行楷"，字体大小为 48pt，如图 11-65 和图 11-66 所示。

图 11-65 字符调整面板

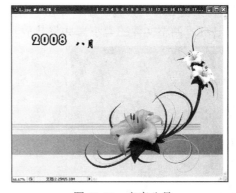

图 11-66 文字八月

（4）输入段落文字 1～31。在字符调整面板中选择字体为"黑体"，字体大小为 30pt，根据文字需要调整字间距达到满意为止，如图 11-67 和图 11-68 所示。

图 11-67 字符调整面板

图 11-68 日历最终效果

案例 11-3 生日贺卡——掌握变形文字。

本任务要求制作生日贺卡，学习输入文字并为其添加变形效果等知识，如图 11-69 所示。

具体操作过程：

（1）打开素材 1 文件。执行"文件"|"打开"命令，打开第 11 章中 11-3 文件中的素材 1 文件，如图 11-70 所示。

图 11-69　效果图　　　　　　　　　　　　图 11-70　素材 1

（2）打开素材 2。执行"文件"|"打开"命令，打开第 11 章中 11-3 文件中的素材 2 文件，如图 11-71 所示。

（3）将素材 2 导入素材 1 中，单击 按钮，单击并拖动鼠标将其移动到素材 1 中，按快捷键 Ctrl+T，调整文件的大小，并将其放到合适的位置，如图 11-72 所示。

图 11-71　素材 2　　　　　　　　　　　　图 11-72　位置效果

（4）为素材 2 的图层添加图层效果。双击素材 2 图层，在图层样式对话框中勾选投影和浮雕效果，如图 11-73 和图 11-74 所示。

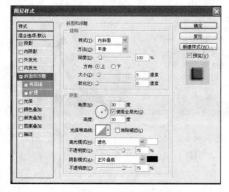

图 11-73　图层样式对话框　　　　　　　　　图 11-74　图层效果

（5）添加变形文字宝宝留念。选择文字工具 **T.**，输入宝宝留念，在字符调板中设置字体为黑体，字体大小为60pt；然后选择字体变形调板，选择凸起的效果，如图11-75和图11-76所示。

图11-75　变形文字对话框　　　　　　　　　　图11-76　文字凸起效果

（6）添加变形文字2008.8.8。选择文字工具 **T** 输入2008.8.8，在字符调板中设置字体为黑体，字体大小为48pt；然后选择字体变形调板，选择下弧的效果，如图11-77和图11-78所示。

图11-77　变形文字对话框　　　　　　　　　　图11-78　最终效果

案例11-4　新春贺卡——掌握路径文字。

本任务要求制作新春贺卡。学习输入文字并在路径上编辑文字等知识，如图11-79所示。

具体操作过程：

（1）打开素材1文件。执行"文件"|"打开"命令，打开第11章中11-4文件中的素材1文件，如图11-80所示。

图11-79　效果图　　　　　　　　　　　　图11-80　素材1

（2）输入文字"福"。使用文字工具 T 输入文字"福"，在字符调板中设置字体为华文行楷，字体大小为 300pt，字体颜色黄色，然后按快捷键 Ctrl+T 将文字旋转 180°，如图 11-81 和图 11-82 所示。

图 11-81　字符调板　　　　　　　　　　　图 11-82　旋转文字

（3）绘制圆形路径。使用选区工具 ○，按住 Shift 键的同时绘制正圆选区，使正圆比福字大些，然后在路径面板单击选区转换为路径按钮 ○，如图 11-83 和图 11-84 所示。

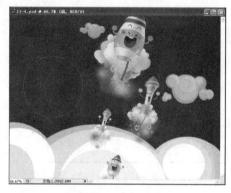

图 11-83　路径面板　　　　　　　　　　　图 11-84　路径效果

（4）在圆形路径上输入文字"福到了"。选择文字工具 T 在路径上单击，然后输入文字"福到了"，在字符调板中设置字体为华文行楷，字体大小为 30pt，字体颜色黄色，如图 11-85 和图 11-86 所示。

图 11-85　字符调板　　　　　　　　　　　图 11-86　最终效果

本章小结

通过本章的学习,可以对文字工具的相关操作有较全面的认识,并可以进行相关的操作;读者在学习本章后,再结合其他章节的内容便能制作出非常好的作品了。

习题与应用实例

一、习题

1. 选择题

（1）文字工具的快捷键是（　　　）。

A. F　　　　　　B. V　　　　　　C. P　　　　　　D. T

（2）文字类型包括（　　　）。

A. 点文字　　　　B. 文字　　　　C. 段落文字　　　D. 文章

（3）文字转换为图形的两种方法（　　　）。

A. 文字转化为文字路径后描边　　　B. 文字加特殊图层效果

C. 文字转换为形状　　　　　　　　D. 文字添加文字弯曲效果

（4）文字弯曲变形中包括（　　）种效果。

A. 10　　　　　　B. 12　　　　　　C. 15　　　　　　D. 16

（5）文字工具组包括（　　）种文字工具。

A. 2　　　　　　B. 4　　　　　　C. 5　　　　　　D. 6

2. 填空题

（1）![A 0 pt]代表（　　　）。

（2）在 Photoshop 中,直接选择文字工具在工作区单击后输入少量文字,一个字或者一行字符,称为"（　　　）"。

（3）所谓（　　　）是指末尾带有回车的任何范围的文字。

（4）对于文字图层中输入的文字可以通过"（　　　）"选项进行不同形状的变形。

（5）更改文字的内容可以通过文字工具双击文字图层的（　　　）图标后进行更改。

二、应用实例

1. 路径文字练习实例,效果如图 11-87 所示。

操作要点提示:

（1）绘制圆形路径。

（2）文字工具在路径上输入文字。

（3）路径选取工具调整文字位置。

2. 浮雕阴影效果文字练习实例,效果如图 11-88 所示。

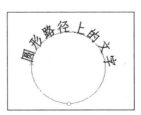

图 11-87　路径上文字实例

图 11-88　浮雕阴影效果文字实例

操作要点:

（1）输入文字信息。

（2）双击文字图层弹出图层样式窗口。

（3）勾选投影和浮雕效果并进行参数的设置。

第十二章 滤 镜

【学习要点】
● 滤镜的使用技巧
● 滤镜的功能
● 各种滤镜为图像添加效果的使用方法

12.1 滤镜概述

滤镜就是对图像进行特殊效果的处理。Photoshop CS3 提供了 100 多种滤镜，它们都按照分类放置在"滤镜"菜单中。滤镜的功能很强大，我们在设计中使用它几乎都可以实现需要的特殊效果。只有熟练掌握滤镜的基本使用方法，才能随心所欲地为图像制作出巧妙的艺术效果。

12.1.1 滤镜使用规则

滤镜命令都集中在"滤镜"菜单中，选择图像或图像的某个图层后，再选择某种滤镜命令，就可以直接添加相应的滤镜效果。

滤镜菜单从上到下被横线分为以下几个部分。

（1）最近使用的滤镜。需要重复以同样的设置使用此滤镜时，不需要再次打开滤镜对话框，直接选择就可以。

（2）Photoshop CS3 中几个单独的基本滤镜，选择使用即可。

（3）Photoshop CS3 的滤镜库中的 13 类效果滤镜，每一类又有若干个滤镜。

（4）Photoshop CS3 使用的外挂滤镜，如果用户没安装，则这部分呈现灰色显示状态。

提示：

RGB 色彩模式的图像可以使用 Photoshop CS3 中的所有滤镜，但是不能将滤镜应用于位图模式、16 位灰度图、索引模式和 48 位 RGB 模式的图像。

12.1.2 滤镜使用技巧

（1）滤镜使用方法如下：

打开要使用滤镜效果的图像或选择某图层或图层选取范围，选择"滤镜"菜单中需要的滤镜命令，在弹出的滤镜对话框中设置滤镜参数，单击"确定"即可。

在滤镜窗口里，按 Alt 键，"取消"按钮会变成"复位"按钮，可恢复参数的初始状况。

（2）滤镜只能应用于当前的可见图层或图层中的选区。如果没有选定区域，则对整个图像做处理；如果只选中某一层或某一通道，则只对当前的层或通道起作用。

（3）重复使用滤镜。

可以使用快捷键 Ctrl+F 来执行。使用此命令时，所使用的参数与上次完全一致，此命令常常用于当一次滤镜操作没有达到满意的效果时，重复多次运用。如果要用新的选项（显示对话框）使用刚用过的滤镜，可以按 Ctrl+Alt+F 组合键。

（4）调整滤镜效果。

用于调整上次用过的滤镜效果或改变合成的模式，可以使用"编辑"菜单命令来执行，也可以按下 Ctrl+Shift+F 组合键来执行。例如，最后一次操作是"模糊"|"动感模糊"，选择菜单"编辑"|"渐隐动感模糊"命令，如图 12-1 所示，在弹出的渐隐对话框中可以调整滤镜的不透明度和图像合成模式。

图 12-1　"渐隐"对话框

12.2　滤镜库命令

Photoshop CS3 中的"滤镜库"将常用的滤镜组合在一个对话框中，可以重复应用单个滤镜，也可以编辑更改已经应用的单个滤镜的设置，并为每个滤镜提供了滤镜效果预览框，达到实时预览图像应用滤镜时产生的变化，如图 12-2 所示，滤镜调板中组合了常用的六类滤镜，将光标放在图像预览框区域，可以使用抓手工具在预览区域中拖动查看图像。单击每一类滤镜前面的图标▷，则可以展开和折叠滤镜。

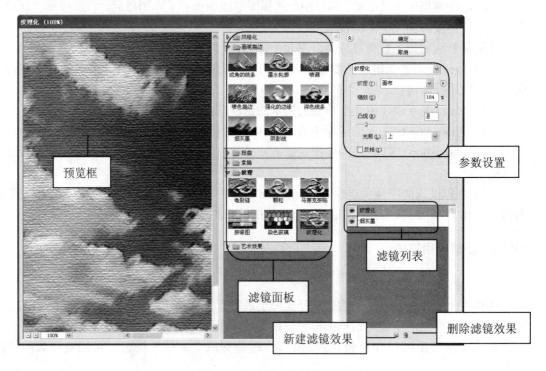

图 12-2　滤镜库对话框

12.2.1 风格化类滤镜

"风格化"滤镜组包括"查找边缘"、"等高线"、"风"、"浮雕效果"、"扩散"、"拼贴"、"曝光过度"、"凸出"、"照亮边缘"九种滤镜效果。风格化滤镜主要通过替换像素、增强相邻像素的对比度，使图像产生加粗、夸张的效果。下面详细介绍本组滤镜的使用方法。

1．查找边缘和等高线

"查找边缘"滤镜用来搜索颜色像素对比度变化剧烈的边界，将高反差区变成亮色，低反差区变暗，使图像看上去像用铅笔勾画的轮廓一样，如图12-3所示。"等高线"滤镜沿着图像的亮区和暗区边界绘制较细的轮廓线效果，如图12-4所示。

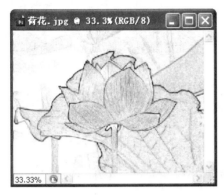

图12-3 "查找边缘"滤镜效果 　　　　图12-4 "等高线"对话框

2．风和浮雕效果

"风"滤镜可以在图像中添加一些短而细小的水平线来生成起风的效果，如图12-5所示，在对话框中可以设置风吹方向和风吹类型。"浮雕效果"通过勾画图像或所选区域的轮廓并降低周围色值生成浮雕效果，如图12-6所示。

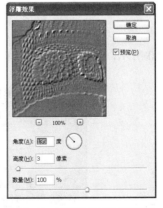

图12-5 "风"对话框 　　　　　　　图12-6 "浮雕效果"对话框

3．扩散和曝光过度

如图12-7所示，"扩散"使图像中的像素随机发散，形成一种看似透过磨砂玻璃观察图像的分离模糊效果，如图12-8所示。"曝光过度"滤镜产生图像正片和负片混合的效果，近似于摄影中增加光线强度产生的过度曝光效果。

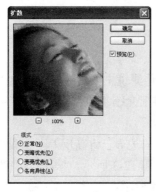

图 12-7 "扩散"对话框

图 12-8 "曝光过度"滤镜效果

4. 拼贴

如图 12-9 所示，"拼贴"滤镜根据对话框中指定数值将图像分成多块瓷砖状，每个方块上都有部分图像。

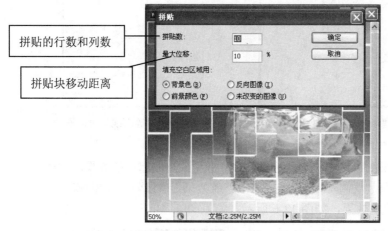

图 12-9 "拼贴"对话框

5. 凸出

如图 12-10 所示，"凸出"滤镜能将图像分成一系列大小相同但有机叠放的立方体或三维块效果。

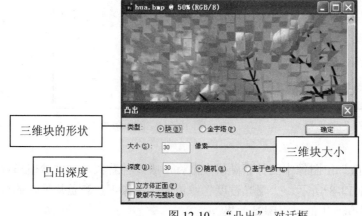

图 12-10 "凸出"对话框

6．照亮边缘

如图 12-11 所示，"照亮边缘"滤镜用来加重图像边缘轮廓的发光效果。

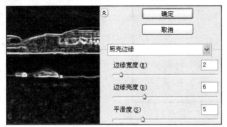

图 12-11　"照亮边缘"对话框

12.2.2　画笔描边类滤镜

画笔描边类滤镜的使用，能使图像产生使用不同画笔和墨绘画的艺术效果。有的滤镜还能向图像中加入颗粒、颜料、噪点、勾边以及纹理图案等效果。经常使用的画笔描边类滤镜有下列几种。

1．喷溅和喷色描边

如图 12-12 所示，"喷溅"滤镜可使图像产生笔墨喷溅的艺术效果，可以用来制作一些特殊效果。"喷色描边"与"喷溅"滤镜相似，可以产生斜纹飞溅效果，如图 12-13 所示。

图 12-12　"喷溅"对话框

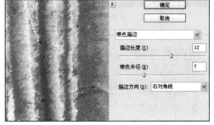

图 12-13　"喷色描边"对话框

2．墨水轮廓和强化边缘

如图 12-14 所示，"墨水轮廓"滤镜能够在图像的细节边缘产生油墨勾画的轮廓。"强化边缘"滤镜可以在图像边缘处进行强化处理，产生高亮的边缘效果，如图 12-15 所示。

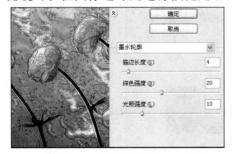

图 12-14　"墨水轮廓"对话框

图 12-15　"强化边缘"对话框

3．成角线条和阴影线

"成角线条"滤镜可以使图像产生倾斜笔锋的效果，如图 12-16 所示。对话框中的"方向平衡"参数值小于 50 时，倾斜线由左上至右下；参数值大于 50 时，倾斜线由右下至左上。

"阴影线"滤镜可以使图像产生交叉网状的线条效果，如图 12-17 所示。

图 12-16　　"成角线条"对话框

图 12-17　　"阴影线"对话框

4．深色线条和烟灰墨

如图 12-18 所示，"深色线条"滤镜用短而密的黑线条绘制图像中的深色区域，用长而白的线条来绘制图像的浅色区域。"烟灰墨"滤镜会使图像产生类似用蘸满黑色油墨的湿画笔在宣纸上作画的效果，如图 12-19 所示。

图 12-18　　"深色线条"对话框

图 12-19　　"烟灰墨"对话框

12.2.3　扭曲类滤镜

扭曲：扭曲滤镜能使图像产生三维或其他形式的扭曲，如非正常拉伸、扭曲等以产生模拟水波、镜面反射和火光等自然效果。由于扭曲滤镜的效果一般较强烈，所以常用于羽化的图像区域。下面详细介绍本组滤镜的使用方法。

1．波浪

"波浪"滤镜可以根据用户设定的不同波长产生不同的波动效果，如图 12-20 所示。打开"波浪"滤镜对话框，可以从中选择波浪生成类型、波浪数量及波长等效果。

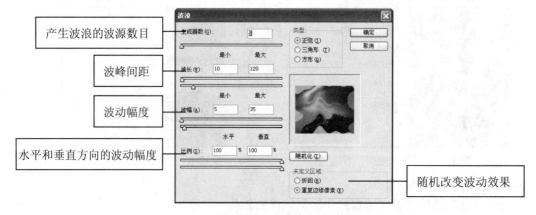
图 12-20　　"波浪"对话框

2．波纹和玻璃

"波纹"滤镜可以使图像产生水纹涟漪的效果，如图 12-21 所示。在"波纹"对话框中的"数量"可以设置生成波纹数量的多少，"大小"列表框可以设置波纹的大小。"玻璃"滤镜用来通过制造细小的纹理，产生透过玻璃观察图片的效果，如图 12-22 所示。在"玻璃"对话框中可以设置"扭曲度"、"平滑度"、"纹理"、"缩放"等参数。

图 12-21 "波纹"对话框　　　　　　图 12-22 "玻璃"对话框

3．海洋波纹

如图 12-23 所示，"海洋波纹"滤镜模拟海洋表面的波纹效果，波纹细小，边缘有较多抖动。在"海洋波纹"滤镜对话框中可以设置"波纹大小"和"波纹幅度"等参数。

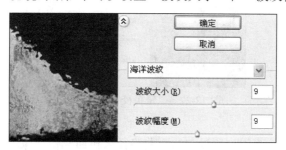

图 12-23 "海洋波纹" 对话框

4．极坐标

"极坐标"滤镜可以将图像坐标从直角坐标系转化成极坐标系，也可以反之将极坐标系转化成直角坐标系，如图 12-24 所示。

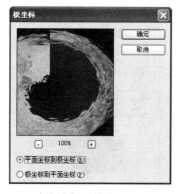
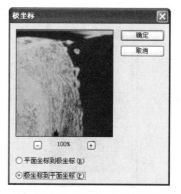

（a）直角坐标系转化成极坐标系　　　　（b）极坐标系转化成直角坐标系

图 12-24 "极坐标"对话框

5. 挤压与球面化

如图 12-25 所示，"挤压"滤镜可以使图像产生向内或向外的变形效果，使用"球面化"滤镜可以在图像的中心产生球形的凸起或凹陷效果，如图 12-26 所示。

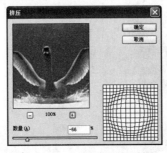 

图 12-25   "挤压"对话框   图 12-26   "球面化"对话框

6. 镜头校正和扩散亮光

"镜头校正"滤镜可以修复如枕形失真、色差等常见的镜头缺陷，如图 12-27 所示。在对话框中可以对"移去扭曲"和"变换"栏进行参数设置。"扩散亮光"滤镜可以通过扩散图像中的白色区域，使图像较亮的区域产生朦胧效果。

图 12-27   "镜头校正"对话框

7. 切变

"切变"滤镜可以按照用户所设定的弯曲路径来扭曲一幅图像。在对话框中选择"折回"选项，则空白区域以图像中弯曲出去的部分来填充，"重复边缘像素"则空白区域以图像中扭曲边缘的像素来填充。

扭曲的设置：在曲线调整框中单击产生控制点，拖动控制点就能扭曲路径。若要删除控制点，则拖动控制点到曲线调整框外即可。若单击"默认"按钮，则曲线回到初始状态，如图 12-28 所示，该滤镜对话框为使用前后效果。

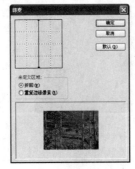 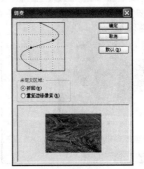

（a）"切变"   （b）拖动控制点扭曲路径

图 12-28   "切变"对话框

8．水波和旋转扭曲

"水波"滤镜可以使图像产生池塘波纹和旋转效果。在对话框中可以按照各种设定产生锯齿状扭曲，还可以设置水波的波纹数量和起伏程度。

"旋转扭曲"滤镜可以产生旋转的风轮效果，如图 12-29 所示。在对话框中设置"角度"数值框来控制以图像中心为旋转中心进行顺时针和逆时针的旋转。

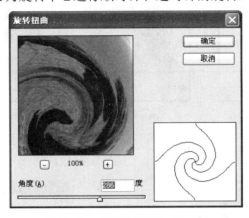

图 12-29 "旋转扭曲" 对话框

9．置换

"置换"滤镜可以根据"置换图"中像素的不同色调值对图像进行变形，产生移位效果。该滤镜需要两个图像文件才能完成：一个是进行"置换"变形的图像文件，另一个位移图文件（后缀名必须是 PSD），用来充当位移模板并控制位移的方向，如图 12-30 所示。

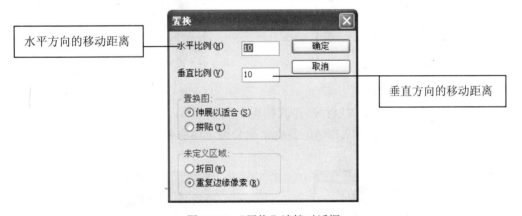

图 12-30 "置换"滤镜对话框

案例 12-1 给图像制作玻璃肌理效果，主要运用"彩色半调"、"玻璃"滤镜的效果。制作步骤：

（1）打开图像"01"，选择工具箱中的矩形选框工具，在图像中绘制选区，如图 12-31 所示。

（2）按 Shift+Ctrl+I 组合键，将选区反选，如图 12-32 所示。单击工具箱下方的"以快速蒙版模式编辑"按钮 ，图像进入快速蒙版模式，如图 12-33 所示。

（3）选择菜单命令"滤镜"|"像素化"|"彩色半调"，在打开的对话框中设置最大半径 15 像素，如图 12-34 所示。

图 12-31　绘制选区　　　　　图 12-32　反选　　　　　图 12-33　进入快速蒙版模式

（4）选择菜单命令"滤镜"|"扭曲"|"玻璃"，在打开的对话框中设置扭曲度：9，平滑度：2，纹理：小镜头，缩放59%，单击"确定"按钮，如图12-35所示。

图 12-34　"彩色半调"　　　　　　　　　图 12-35　"玻璃"

（5）单击工具箱下方的"以标准模式编辑"按钮，图像退出快速蒙版模式，如图12-36所示，设置前景色为黑色，按 Alt+Delete 组合键进行填充，按 Ctrl+D 组合键取消选择。最终画面如图12-37所示。

图 12-36　退出快速蒙版模式　　　　　　图 12-37　最终画面

12.2.4　素描类滤镜

素描类滤镜主要用来模拟素描、速写手工和艺术效果。可以使用这些滤镜制作 3D 效果，将纹理添加到图像上。"素描"滤镜组中大多数滤镜都要配合使用前景色和背景色，该类滤镜提供了 14 种滤镜，分别为半调图案、便条纸、粉笔和炭笔、铬黄、绘图笔、基底凸现、水彩画纸、撕边、塑料效果、炭笔、炭精笔、图章、网状和影印等滤镜。

1．半调图案和便条纸

如图 12-38 所示，"半调图案"滤镜使用前景色和背景色在图像中产生网板图案。"便条纸"滤镜可以使图像产生类似浮雕的凹陷压印图案，如图 12-39 所示。

图 12-38　"半调图案"对话框　　　　　图 12-39　"便条纸"对话框

2．粉笔和炭笔

如图 12-40 所示，"粉笔和炭笔"模拟使用粉笔和炭笔涂抹的草图效果。

图 12-40　"粉笔和炭笔"对话框

3．铬黄和绘图笔

如图 12-41 所示，"铬黄"滤镜可以使图像产生一种液态金属效果。"绘图笔"滤镜产生一种钢笔画效果，它使用的墨水颜色也是前景色，如图 12-42 所示。

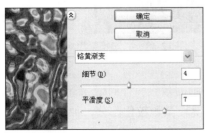

图 12-41　"铬黄"对话框　　　　　　图 12-42　"绘图笔"对话框

4．基底凸现和水彩画纸

如图 12-43 所示，"基底凸现"滤镜可以用来制作较为细腻的浮雕效果。"水彩画纸"滤镜能使画面产生画面浸湿、颜色流动、纸张扩散的特殊艺术效果，如图 12-44 所示。

 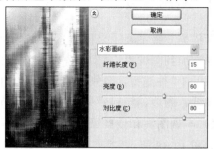

图 12-43　"基底凸现"对话框　　　　　　　图 12-44　"水彩画纸"对话框

5. 撕边和塑料效果

如图 12-45 所示，"撕边"滤镜可以使图像制作处溅射分裂的撕破效果。"塑料效果"滤镜可以产生 3D 塑料效果，如图 12-46 所示。

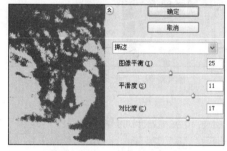 

图 12-45　"撕边"对话框　　　　　　　　　图 12-46　"塑料效果"对话框

6. 炭笔和炭精笔

如图 12-47 所示，"炭笔"滤镜可以使图像产生炭笔作画的效果。"炭精笔"滤镜可以使图像产生炭精笔作画的效果，用前景色描绘暗部区域，用背景色描绘亮部区域，如图 12-48 所示。

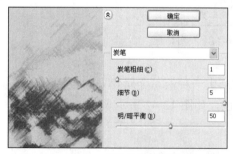 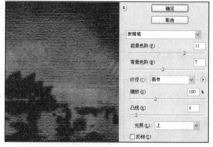

图 12-47　"炭笔"对话框　　　　　　　　　图 12-48　"炭精笔"对话框

7. 图章和网状

如图 12-49 所示，"图章"滤镜可以模拟印章作画的效果。"网状"滤镜可以模拟网纹效果，使图像在阴影部分呈现结块状，在高光部分呈现轻微颗粒化部分，如图 12-50 所示。

8. 影印

"影印"滤镜可以模拟复印机影印图像效果，处理后的图像显示前景色，阴暗面显示背景色，如图 12-51 所示。

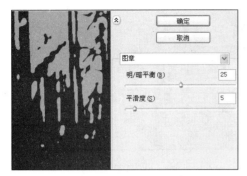

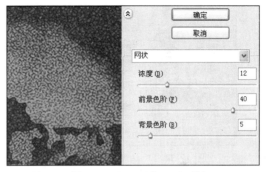

图 12-49 "图章"对话框　　　　　图 12-50 "网状"对话框

图 12-51 "影印"对话框

12.2.5 纹理类滤镜

纹理类滤镜的主要功能是在图像中模拟加入各种具有物质感的纹理效果。纹理类滤镜包括"龟裂缝"、"颗粒"、"马赛克拼贴"、"拼缀图"、"染色玻璃"和"纹理化"六种滤镜。

1.龟裂缝和颗粒

如图 12-52 所示，"龟裂缝"滤镜以随机方式生成龟裂纹理并能产生浮雕效果。"颗粒"滤镜能够在图像中加入不规则的颗粒纹理效果，如图 12-53 所示。

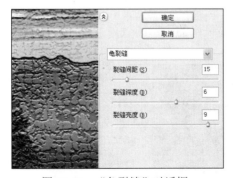

图 12-52 "龟裂缝"对话框　　　　　图 12-53 "颗粒"对话框

2.马赛克拼贴和拼缀图

如图 12-54 所示，"马赛克拼贴"滤镜可使图像产生马赛克贴壁的效果。"拼缀图"滤镜可以将图像分解成若干个规则排列的小方块，每个小方块都是用图像中该区域的主色填充的，产生一种建筑拼贴瓷砖的效果，如图 12-55 所示。

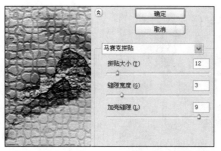 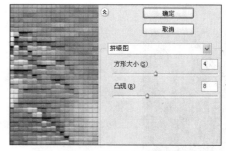

图 12-54　"马赛克拼贴"对话框　　　　图 12-55　"拼缀图"对话框

3. 染色玻璃和纹理化

如图 12-56 所示，"染色玻璃"滤镜在图像中根据颜色的不同产生不规则分离的彩色玻璃块，彩色玻璃块的颜色由该处像素颜色的平均值来确定。"纹理化"滤镜可以在图像中加入各种纹理效果，如图 12-57 所示。

图 12-56　"染色玻璃"对话框　　　　图 12-57　"纹理化"对话框

12.2.6　艺术效果类滤镜

艺术效果类滤镜可以使图像转变为不同类型的绘画或艺术效果。艺术效果类滤镜提供了 15 种滤镜，分别为壁画、彩色铅笔、粗糙蜡笔、底纹效果、调色刀、干画笔、海报边缘、海绵、绘画涂抹、胶片颗粒、木刻、霓虹灯光、水彩、塑料包装及涂抹棒。

1. 壁画和彩色铅笔

如图 12-58 所示，"壁画"滤镜能使图像产生粗糙风格的古壁画效果。"彩色铅笔"滤镜能使图像产生彩色铅笔绘图的效果，如图 12-59 所示。

 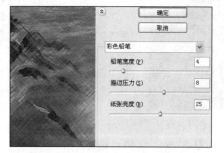

图 12-58　"壁画"对话框　　　　图 12-59　"彩色铅笔"对话框

2. 粗糙蜡笔和底纹效果

如图 12-60 所示，"粗糙蜡笔"滤镜模拟蜡笔在纹理背景上绘图的效果。"底纹效果"滤镜可以在图像上输入一种纹理效果，如图 12-61 所示。

图 12-60 "粗糙蜡笔"对话框　　　　图 12-61 "底纹效果"对话框

3. 调色刀和干画笔

如图 12-62 所示，"调色刀"滤镜可以使图像中相近颜色融合，产生大写意的笔法效果。"干画笔"滤镜可以使图像产生一种不饱和、干枯的油画效果，如图 12-63 所示。

图 12-62 "调色刀"对话框　　　　图 12-63 "干画笔"对话框

4. 海报边缘和海绵

如图 12-64 所示，"海报边缘"滤镜可以使图像减少复杂度，查找图像边缘并在边缘上绘制黑色线条。

"海绵"滤镜可以使图像产生画面浸湿的效果，如图 12-65 所示。

图 12-64 "海报边缘"对话框　　　　图 12-65 "海绵"对话框

5. 绘画涂抹和胶片颗粒

如图 12-66 所示，"绘画涂抹"滤镜可以使图像产生涂抹的模糊效果。"胶片颗粒"滤镜可以使图像产生胶片颗粒效果，如图 12-67 所示。

图 12-66　"绘画涂抹"对话框

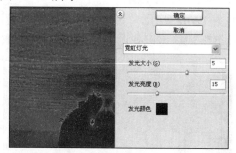

图 12-67　"胶片颗粒"对话框

6．木刻和霓虹灯光

如图 12-68 所示，"木刻"滤镜模拟彩色剪纸效果。"霓虹灯光"滤镜可以使图像产生彩色霓虹灯照射的效果，营造出朦胧的效果，如图 12-69 所示。

图 12-68　"木刻"对话框

图 12-69　"霓虹灯光"对话框

7．水彩和塑料包装

如图 12-70 所示，"水彩"滤镜可以使图像产生水彩画的绘制效果。"塑料包装"滤镜可以给图像涂上一层发亮的塑料，强化图像中的线条和表面细节，如图 12-71 所示。

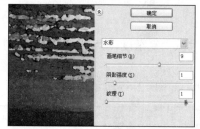

图 12-70　"水彩"对话框

图 12-71　"塑料包装"对话框

8．涂抹棒

"涂抹棒"滤镜可以模拟手指涂抹的效果，如图 12-72 所示。

图 12-72　"涂抹棒"对话框

12.3 基本滤镜

Photoshop CS3 提供了抽出、液化、图案生成器及消失点四个基本滤镜，下面分别介绍它们具体的设置和使用。

12.3.1 抽出滤镜

利用"抽出"滤镜抠图，能够很方便地将一个图像从背景中分离出来。

"抽出"滤镜的使用方法如下：

（1）打开要处理的图像并选择要应用的图层，选择"滤镜"|"抽出"菜单命令，如图 12-73 所示，在打开的"抽出"对话框中设置画笔大小，使用边缘高光器工具沿着要分离的图像边缘绘制，再使用填充工具填充绘制的图像区域。

（2）单击"确定"按钮。

图 12-73 "抽出" 对话框

各参数说明如下：

（1）"边缘高光器工具" ✏️：用于在图像中绘制边界，然后将选取对象从背景中分离出来。

（2）"填充工具" 🪣：用于填充选区。

（3）"吸管工具" 💧：吸取图像颜色，根据颜色不同将对象与背景分离。

（4）"清除工具" 🧽：擦除不需要的背景区域。

（5）"边缘修饰工具" ✐：擦除或修复对象的边缘像素。

（6）"工具选项"选项组：设置画笔大小、高光颜色、填充颜色和智能高光显示。

（7）"抽出"选项组：可设置选区内的图像平滑度、前景色和背景色。

（8）"预览"选项组：设置选取图像的显示、显示高光和填充选项。

案例 12-2 通过对图像使用"抽出"滤镜学会抠图的方法。

制作步骤：

（1）打开"02"图像，按 Ctrl+J 组合键复制背景图层，生成"图层 1"，并将背景层隐藏，如图 12-74 所示。

（2）选择菜单命令"滤镜"｜"抽出"，打开"抽出"滤镜对话框，选择边缘高光器工具 ，并勾选智能高光显示复选框。选择合适的画笔尺寸，勾选出人物的部分轮廓，如图 12-75 所示。

　　　　图 12-74　　"02"图像　　　　　　　　　　　图 12-75　　勾选轮廓

提示：

"高光部分要同时包括人物轮廓的内部和外部。如果高光部分过大可以使用橡皮工具 擦除一部分高光，总之要确保人物轮廓选取的精确。

（3）使用填充工具对要抠取的部分进行填充，单击预览按钮进行图像效果预览，如图 12-76 所示。预览一下，没有抠取成功的地方可以按住 Alt 键不放，用清除工具把原画面未抽出的部分再擦出来即可，如图 12-77 所示。

　　　　图 12-76　　填充　　　　　　　　　　　　图 12-77　　效果预览

（4）在"图层 1"下方新建图层 2，设置前景色 R：79、G：149、B：175，按 Alt+Delete 组合键填充该图层，如图 12-78 所示。

图 12-78　　画面最终效果

12.3.2 液化滤镜

"液化"滤镜可以对图像的任意区域进行类似液化效果的变形，如推、拉、旋转、反射、折叠等，可以随意控制处理效果。

"液化"滤镜的使用方法如下：

（1）打开要处理的图像并选择要应用的图层，选择"滤镜"|"液化"菜单命令，如图12-79所示，在打开的"液化"对话框中选择各种液化工具在预览窗口中进行液化处理。

（2）单击"确定"按钮。

图 12-79 "液化"对话框

各参数说明如下：

（1）变形工具 ；　　（2）重建工具 ；　　（3）顺时针旋转扭曲工具 ；

（4）褶皱工具 ；　　（5）膨胀工具 ；　　（6）左推工具 ；

（7）镜像工具 ；　　（8）湍流工具 ；　　（9）冻结蒙版工具 ；

（10）解冻蒙版工具 ；（11）抓手工具 ；　　（12）缩放工具 。

12.3.3 图案生成器滤镜

"图案生成器"滤镜可以将选取的图像重新拼贴生成图案，并可以存储为预设图案，以供将来使用。

"图案生成器"滤镜的使用方法如下：

（1）打开要处理的图像并选择要应用的图层，选择"滤镜"|"图案生成器"菜单命令，如图12-80所示，在打开的"图案生成器"对话框中选择矩形选框工具绘制要生成的图案区域，单击"生成"按钮。

（2）单击"确定"按钮。

矩形选框工具

使用图像本身
作为样本图案

应有图案拼贴边界

图案拼贴边界颜色

图 12-80　　"图案生成器"对话框

12.3.4　消失点滤镜

使用"消失点"滤镜可以对选取范围进行克隆、粘贴、修复瑕疵等操作，也可以在编辑包含透视平面的图像时自动进行调整，保留正确的透视。

12.3.5　像素化滤镜组

像素化滤镜组包括"彩块化"、"彩色半调"、"点状化"、"晶格化"、"马赛克"、"碎片"及"铜版雕刻"七种滤镜，像素化滤镜组主要通过将单元格中相似颜色值的像素结成块，重新定义图像或选区，从而产生点状、马赛克、晶格等各种特殊效果。

1．彩块化

"彩块化"滤镜可以使图像中纯色或颜色接近的像素结成相近颜色的像素化，从而产生手绘图像的特殊效果，如图 12-81 所示，为使用"彩块化"滤镜后的图像和原图像的对比。

图 12-81　　"彩块化"滤镜后的图像和原图像的对比

2．彩色半调

"彩色半调"滤镜是在图像每个通道中使用放大的半调网屏效果，对每个通道，滤镜将图像划分成矩形，并用圆形替换每个矩形，如图 12-82 所示。

图 12-82 "彩色半调"对话框

3. 点状化和晶格化

如图 12-83 所示,"点状化"滤镜可将图像重的颜色随机点状化,在产生的空隙间使用背景色填充。"晶格化"滤镜使图像中相近的像素结块形成多边形纯色效果,如图 12-84 所示。

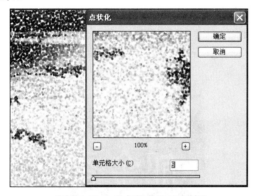

图 12-83 "点状化"对话框

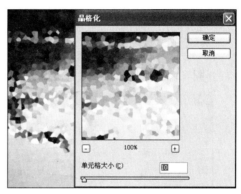

图 12-84 "晶格化"对话框

4. 马赛克和碎片

如图 12-85 所示,"马赛克"滤镜把图像中具有相似色彩的像素合成更大的方块,并按原图规则排列,模拟马赛克的效果。"碎片"滤镜将图像的像素复制 4 遍,然后将他们平均移位,使图像产生不聚焦的模糊效果,如图 12-86 所示。

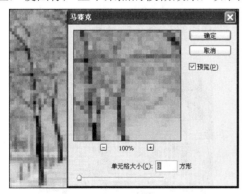

图 12-85 "马赛克"对话框

图 12-86 "碎片"效果对比

5. 铜版雕刻

"铜版雕刻"滤镜可以在图像中随机产生各种不规则的直线、曲线和虫孔斑点的金属板效果,如图 12-87 所示。

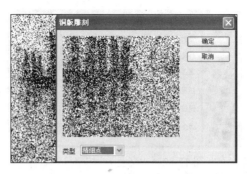

图 12-87　　"铜版雕刻"对话框

案例 12-3　　制作特效字"线框字"，主要使用的 Photoshop 滤镜有"马赛克"、"照亮边缘"及"查找边缘"等。

制作步骤：

（1）设置"前景色"为白色，设置"背景色"为黑色，新建一个大小为 800×600 像素的文件，背景内容为"背景色"，如图 12-88 所示。

（2）利用"文字工具"输入文字"郁金香"，按 Ctrl+E 组合键，将文字图层与背景层合并，如图 12-89 所示。

图 12-88　　新建文件

图 12-89　　输入文字

（3）然后执行菜单中"滤镜"|"像素化"|"马赛克"命令，设置单元格大小为 16，如图 12-90 所示。

（4）执行菜单中"滤镜"|"风格化"|"照亮边缘"命令，参数为：边缘宽度 5，边缘亮度 5，平滑度 1，效果如图 12-91 所示。

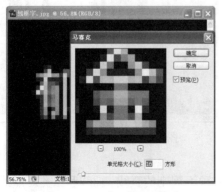

图 12-90　　"马赛克"命令

图 12-91　　"照亮边缘"命令

（5）执行菜单中"滤镜"｜"风格化"｜"查找边缘"命令，效果如图 12-92 所示。

（6）设置前景色为红色，背景色为白色，单击"图层面板"下方的"创建新的调整图层"按钮 ，选择"渐变映射"后文字就变成了红色外框，如图 12-93 所示。

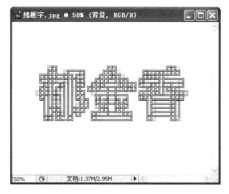

图 12-92 "查找边缘"命令

图 12-93 "渐变映射"命令

（7）按 Ctrl+E 组合键，将图层合并，双击背景层转换为普通图层"图层 0"。然后执行菜单中"选择"｜"色彩范围"命令，用吸管选取空白的地方，对除文字外的空白处进行选择，如图 12-94 所示。按 Delete 键删除选区，按 Ctrl+D 组合键取消选区，如图 12-95 所示。

图 12-94 色彩范围选择

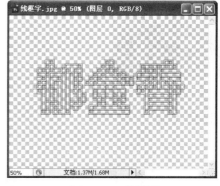

图 12-95 效果图

（8）打开图像文件"03"，将刚才制作的线框字拖动到"03"图像文件中，效果如图 12-96 所示。

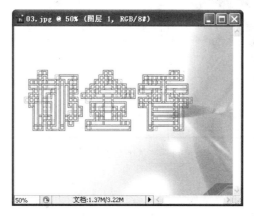

图 12-96 最终效果

12.3.6 杂色滤镜组

杂色滤镜组可以在图像上加入或移去杂色，为图像创建有特色的纹理效果或去掉图像中有问题的区域。杂色滤镜组包含"减少杂色"、"蒙尘与划痕"、"去斑"、"添加杂色"及"中间值"五种滤镜。

1．减少杂色和添加杂色

如图 12-97 所示，"减少杂色"滤镜可以消除图像中的杂色，同时保留图像的边缘。"添加杂色"滤镜可以向图像中应用随机像素，使图像产生颗粒状像素效果，如图 12-98 所示。

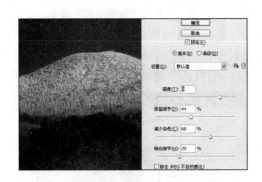

图 12-97   "减少杂色"对话框   图 12-98   "添加杂色"对话框

2．蒙尘与划痕

"蒙尘与划痕"滤镜可以去除图像中的杂点和折痕效果，如图 12-99 所示。

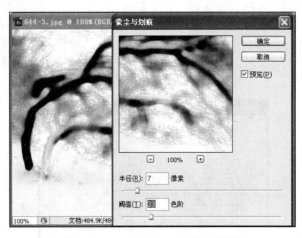

图 12-99   "蒙尘与划痕"对话框

3．去斑和中间值

如图 12-100 所示，"去斑"滤镜对图像或选取范围内的图像稍加模糊，从而遮掩斑点或折痕。"中间值"滤镜通过混合像素的亮度来减少图像中的杂色，如图 12-101 所示。

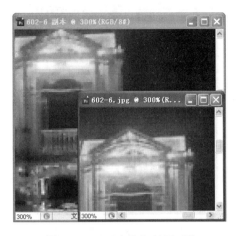 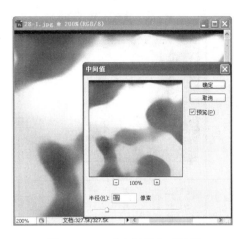

图 12-100 "去斑"效果对比　　　　图 12-101 "中间值"对话框

12.3.7 模糊滤镜组

模糊滤镜组能使图像中相邻像素减少对比度而产生朦胧的感觉,常用来光滑边缘过于清晰和对比过于强烈的区域,通过消去对比来柔化图像边缘。当进行修正、润饰图像时,使用模糊滤镜将很有效。模糊滤镜组包括"表面模糊"、"动感模糊"、"方框模糊"、"高斯模糊"、"进一步模糊"、"径向模糊"等11种模糊。

1. 表面模糊和动感模糊

如图 12-102 所示,"表面模糊"滤镜会使图像在保留边缘的同时添加模糊效果。"动感模糊"滤镜可以使图像产生按照指定方向运动的模糊效果。其结果类似于拍摄处于运动状态的物体照片,如图 12-103 所示。

 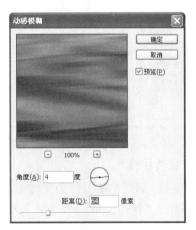

图 12-102 "表面模糊"对话框　　　　图 12-103 "动感模糊"对话框

2. 方框模糊和高斯模糊

如图 12-104 所示,"方框模糊"滤镜是基于相邻像素的平均颜色值来模糊图像。"高斯模糊"滤镜是通过设置模糊半径,利用高斯曲线的分布模式来对图像进行模糊效果处理,如图 12-105 所示。

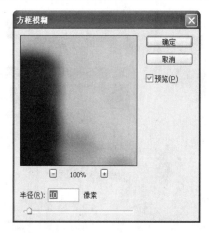

图 12-104　"方框模糊"对话框　　　　　图 12-105　"高斯模糊"对话框

3．模糊和进一步模糊

"模糊"滤镜通过平衡已定义的线条和遮蔽区域清晰边缘的周围像素，而使图像颜色出现柔和的变化。此滤镜没有参数设置对话框。"进一步模糊"滤镜同"模糊"滤镜一样能使图像产生模糊的效果，产生的模糊程度大约是"模糊"滤镜的 3~4 倍。

4．径向模糊和平均

如图 12-106 所示，"径向模糊"滤镜可以使图像产生旋转模糊效果。"平均"滤镜通过对图像中的平均颜色值进行柔化处理，然后用该颜色填充图像或选区，如图 12-107 所示。

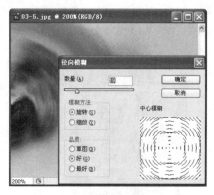

图 12-106　"径向模糊"对话框　　　　　图 12-107　"平均"对话框

5．镜头模糊

"镜头模糊"滤镜可以为图像添加模糊效果，产生更强的景深效果，如图 12-108 所示。在对话框中，"深度映射"选项用于调整镜头模糊的远近；"光圈"选项用于调整光圈的形状和模糊范围；"镜面高光"选项用来调整模糊镜面的亮度强弱；"杂点"选项用于设置模糊中所添加杂点的多少。

6．特殊模糊和形状模糊

如图 12-109 所示，"特殊模糊"滤镜可以通过找出图像的边缘并模糊边缘以内的区域，使图像产生边界清晰的模糊效果。"形状模糊"滤镜是使用指定的形状来创建模糊，如图 12-110 所示。

图 12-108　"镜头模糊"对话框

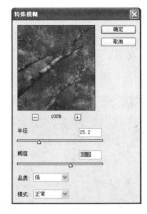

图 12-109　"特殊模糊"对话框

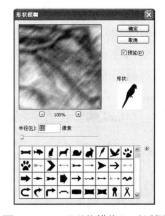

图 12-110　"形状模糊"对话框

案例 12-4　为一幅图像制作雪景效果，主要运用了"强化边缘"、"点状化"滤镜、"动感模糊"和"USM 锐化"滤镜。

制作步骤：

（1）打开图像"狗"，如图 12-111 所示。

（2）按 Ctrl+J 组合键，将背景图层复制为"图层 1"，如图 12-112 所示。

图 12-111　图像"狗"

图 12-112　背景图层复制

（3）选择菜单命令"滤镜"|"画笔描边"|"强化边缘"，在打开的对话框中设置参数，边缘宽度 7，边缘亮度 34，平滑度 5，如图 12-113 所示。

（4）选择菜单命令"滤镜"|"像素化"|"点状化"，在打开的对话框中设置单元格大小 6，如图 12-114 所示。

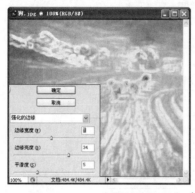
图 12-113 "强化边缘"命令

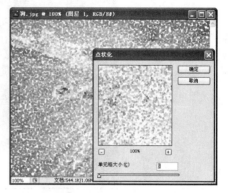
图 12-114 "点状化"命令

（5）选择菜单命令"滤镜"|"模糊"|"动感模糊"，在打开的对话框中设置参数，角度 45°，距离 10 像素，如图 12-115 所示。

（6）按 Shift+Ctrl+U 组合键，给雪景图层设置去色效果。在"图层"控制调板中，将"图层 1"的不透明度设置为 47%，如图 12-116 所示。

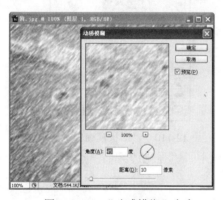
图 12-115 "动感模糊"命令

图 12-116 去色命令

（7）选择"图层"|"拼合图层"命令，进行合并图层，然后选择"滤镜"|"锐化"|"USM 锐化"命令，如图 12-117 所示。在打开的对话框中设置参数，数量 50%，半径像素，阈值 0，图像最终效果如图 12-118 所示。

图 12-117 "USM 锐化"命令

图 12-118 图像最终效果

12.3.8 渲染滤镜组

渲染滤镜组可以为图像制作云雾效果、镜头闪光效果、灯光效果以及制作纹理图案背景等效果。渲染滤镜组包括"云彩"、"分层云彩"、"光照效果"、"镜头光晕"及"纤维"五种滤镜。

1. 云彩和分层云彩

如图 12-119 所示,"云彩"滤镜使用前景色与背景色之间的随机值生成柔和的云彩图案。在使用"滤镜"|"渲染"|"云彩"时,若要产生更多明显的云彩图案,可先按住 Alt 键后再执行该命令;若要生成低漫射云彩效果,可先按住 Shift 键后再执行命令。"分层云彩"滤镜是对图像执行"云彩"滤镜效果后,再将图像进行反白,如图 12-120 所示。

图 12-119 "云彩"效果对照

图 12-120 "分层云彩"效果

2. 光照效果

如图 12-121 所示,"光照效果"滤镜的主要作用是产生光照效果,通过光源、光色选择、聚焦、定义物体反射特性等设定来达到 3D 绘画的效果。在使用"滤镜"|"渲染"|"光照效果"的滤镜时,若要在对话框内复制光源时,可先按住 Alt 键后再拖动光源也可实现复制。

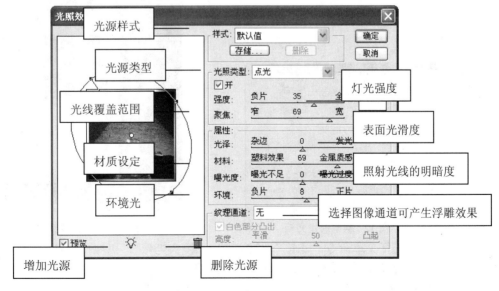

图 12-121 "光照效果"对话框

3. 镜头光晕和纤维

如图 12-122 所示，"镜头光晕"滤镜能够在图像中模拟摄像机镜头眩光效果。"纤维"滤镜可以使用前景色和背景色混合生成纤维效果，如图 12-123 所示。

图 12-122　"镜头光晕"对话框

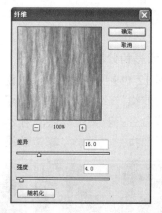

图 12-123　"纤维"对话框

案例 12-5　巧妙运用 Photoshop 中的滤镜，创建精彩的背景特效。本例用到的滤镜主要有镜头光晕、旋转扭曲和波浪，同时还需要对图像进行去色、着色操作等。

制作步骤：

（1）启动 Photoshop CS3 中文版，新建一个文档，宽度 500 像素，高度 500 像素，分辨率 72 像素／英寸，如图 12-124 所示。

（2）按 D 键将前景色重置为默认的黑色，然后按 Alt+Delete 组合键将背景图层填充为黑色。

（3）选择菜单命令"滤镜"|"渲染"|"镜头光晕"，在"镜头光晕"对话框中保持默认设置，亮度 100%，镜头类型 50～300 毫米变焦，单击"光晕中心"方框中的中心点，将光晕设置在画布中心，如图 12-125 所示。

图 12-124　新建文档

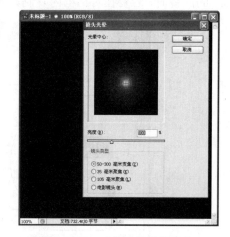

图 12-125　"镜头光晕"命令

（4）再次选择菜单命令"滤镜"|"渲染"|"镜头光晕"，仍保持默认设置，只是这次把光晕中心设置在如图所示的位置，如图 12-126 所示。

（5）继续重复上面的步骤数次，直到得到如图所示的数个光晕中心，如图 12-127 所示。

图 12-126 光晕中心设置　　　　　　　　图 12-127 数个光晕中心

（6）选择菜单命令"图像"|"调整"|"去色"（或按快捷键 Shift+Ctrl+U），将图像去色。

（7）选择菜单命令"滤镜"|"像素化"|"铜版雕刻"，在打开的"铜版雕刻"对话框中设置类型：中长描边，如图 12-128 所示。

（8）选择菜单命令"滤镜"|"模糊"|"径向模糊"，在打开的"径向模糊"对话框中设置：数量 100，模糊方法：缩放，品质：最好，如图 12-129 所示。

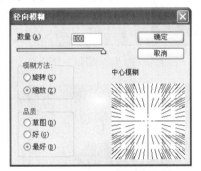

图 12-128 "铜版雕刻"命令　　　　　　图 12-129 "径向模糊"命令

（9）按快捷键 Ctrl+F 三次，重复刚才的径向模糊滤镜，使图像画面变得平滑，如图 12-130 所示。

（10）按 Ctrl+U 组合键打开"色相"|"饱和度"对话框为图像着色，如图 12-131 所示，设置参数：勾选对话框右下角的"着色"选项，色相 258，饱和度 100，明度 0，效果如图 12-132 所示。

（11）按 Ctrl+J 组合键将背景层复制，在图层面板中将背景副本图层的混合模式改为"变亮"，如图 12-133 所示。然后选择菜单命令"滤镜"|"扭曲"|"旋转扭曲"，如图 12-134 所示。

（12）打开"01 男人"图像文件，如图 12-135 所示。使用移动工具 将其拖动至"未标题-1"图像文件

图 12-130 图像效果

中，在图层面板中将背景副本图层的混合模式改为"明度"，最终效果如图 12-136 所示。

图 12-131　为图像着色

图 12-132　图像效果

图 12-133　背景层复制

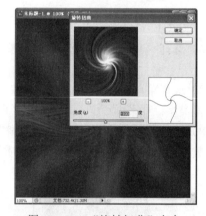

图 12-134　"旋转扭曲"命令

图 12-135　"01"图像

图 12-136　最终效果图

12.3.9　视频滤镜组

视频滤镜组用于将从视频采集卡捕获的信息组合在一起，以创建位图图像。只有在处理的图像需要进行视频输出时才能用到。视频滤镜组由"NTSC 颜色"、"逐行"滤镜组成。

（1）"NTSC 颜色"滤镜可以将图像颜色限制在电视机重现所能接受的水平之内，去除图像中饱和度过高的颜色，防止过饱和颜色渗过电视的扫描线引起的显示色彩偏差。

（2）"逐行"滤镜可以去除视频图像中的奇数或偶数扫描线，使在视频上捕捉的运动图像变得平滑。

12.3.10　锐化滤镜组

锐化滤镜组能使图像中相邻像素增加对比度，效果类似于调节相机的焦距使得景物更清楚。

1．USM 锐化和智能锐化

如图 12-137 所示，"USM 锐化"滤镜可以调整图像边缘的对比度，在边缘的两侧分别制作一条明线或暗线，使图像边缘更突出。"智能锐化"滤镜通过设置锐化算法来锐化图像，或者通过控制阴影和高光中的锐化量使图像产生锐化效果，如图 12-138 所示。

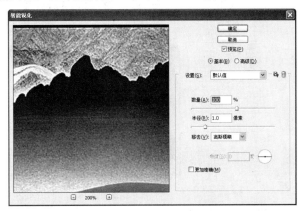

图 12-137　"USM 锐化"对话框　　　　图 12-138　　"智能锐化"对话框

2．锐化和进一步锐化

"锐化"滤镜通过增大图像间的反差来使模糊的图像清晰化。此滤镜命令没有参数对话框。"进一步锐化"滤镜和锐化滤镜功能相似，只是锐化效果更加强烈。此滤镜命令没有参数对话框。

3．锐化边缘

"锐化边缘"滤镜只对图像的边缘进行锐化，该滤镜不影响边缘之外的区域。此滤镜命令没有参数对话框。

12.4　其他滤镜

其他滤镜可以制作自己的滤镜、使用滤镜修改蒙版，还可以补偿图像中的选区，快速调整颜色等。其他滤镜由"高反差保留"、"位移"、"自定"、"最大值"和"最小值"5 种滤镜组成。

1．高反差保留和位移

如图 12-139 所示，"高反差保留"滤镜用来去除图像中色调平缓的部分，保留色彩变化最大的部分。"位移"滤镜可以将选择范围在水平或垂直方向上精确一定的距离，可以使用背景色、重复边缘像素、折回图像填充偏移后留下的空白区域，如图 12-140 所示。

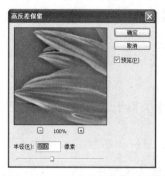

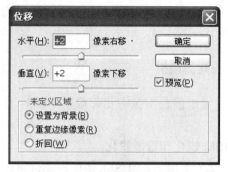

图 12-139 "高反差保留"对话框   图 12-140 "位移"对话框

2. 自定

"自定"滤镜可以让用户设计自己的滤镜效果,主要用来更改图像的亮度,如图 12-141 所示。

图 12-141 "自定"对话框

3. 最大值和最小值

图 12-142 所示,"最大值"滤镜扩张白色区域的同时收缩黑色区域。"最小值"滤镜扩张黑色区域的同时收缩白色区域,如图 12-143 所示。

图 12-142 "最大值"对话框   图 12-143 "最小值"对话框

本章小结

本章介绍的滤镜是 Photoshop 的重要功能之一,用于创造各种风格独特的色彩效果,善加运用可以创造出非凡的视觉效果。Photoshop 滤镜功能非常强大和实用,用户可以用来实现图像的各种特殊效果,滤镜的操作也非常简单,但是真正用起来却很难恰到好处,通常需要同通道、图层等联合使用，才能取得最佳的艺术效果。

习题与应用实例

一、习题

1．填空题

（1）____滤镜扩张白色区域的同时收缩黑色区域。

（2）____滤镜可以使图像产生按照指定方向运动的模糊效果。

（3）素描类滤镜主要用来模拟____、____、____，可以使用这些滤镜制作 3D 效果，将纹理添加到图像上。

（4）重复使用滤镜可以使用快捷键____来执行。

（5）在滤镜窗口里，按____键，"取消"按钮会变成"复位"按钮，可恢复参数的初始状况。

2．选择题

（1）使用置换滤镜时，替换文件采用的文件格式必须是（　　　）。

A．JPEG　　　　　　　B．PSD

C．TIF　　　　　　　　D．EPS

（2）能够在图像中模拟摄像机镜头眩光效果的滤镜是（　　　）。

A．光照效果　　　　　B．分层云彩

C．镜头光晕　　　　　D．云彩

（3）（　　　）滤镜是通过设置模糊半径，利用高斯曲线的分布模式来对图像进行模糊效果处理。

A．高斯模糊　　　　　B．进一步模糊

C．模糊　　　　　　　D．方框模糊

（4）下列属于杂色滤镜组的是（　　　）。

A．减少杂色　　　　　B．蒙尘与划痕

C．扩散　　　　　　　D．去斑

（5）能使图像中的像素随机发散，形成一种看似透过磨砂玻璃观察图像的分离模糊效果的滤镜是（　　　）。

A．晶格化　　　　　　B．染色玻璃

C．玻璃　　　　　　　D．扩散

二、应用实例

1．图案制作，效果如图 12-144 所示。

提示：

（1）首先新建一个宽度和高度都是 20 厘米的图像文件。

（2）设置前景色背景色为默认黑白色，然后选择渐变工具，使用从前景色到背景色渐变，在图像中从下方到上方做线性渐变。

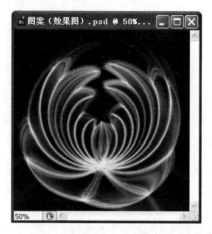

图 12-144   图案

（3）选择"滤镜"|"扭曲"|"波浪"命令，对话框中设置：生成器数 1，波长最小 50，最大 50，波幅最小 188，最大 192，比例水平 100%，垂直比例 100%，类型：三角形。

（4）选择"滤镜"|"扭曲"|"极坐标"命令，对话框中设置平面坐标到极坐标。

（5）在"滤镜"|"素描"|"铬黄渐变"命令，对话框中设置：细节 10，平滑度 10。再次选择"滤镜"|"扭曲"|"极坐标"命令，对话框中设置平面坐标到极坐标。

（6）新建一个图层，使用渐变工具选择色谱渐变在图像中拖动，选择图层调板中的图层模式为"颜色"即可。

2．涂鸦风格照片，效果如图 12-145 所示。

图 12-145   涂鸦风格照片

提示：

（1）打开一张图像文件"04"，选择"滤镜"|"艺术效果"|"彩色铅笔"命令，设置参数：铅笔宽度 4，描边压力 10。

（2）选择工具栏中的历史记录画笔工具 并选择合适的大小，对图中的人物进行涂抹。

（3）选择工具栏中的历史记录艺术画笔工具 并选择合适的大小，对图中的背景适当涂鸦。

第十三章　行业应用实例

本章通过四个案例的制作，举一反三地讲解如何使用 Photoshop CS3 进行海报设计、广告设计、封面设计、台历设计等，这些实例侧重于在日常设计工作中的应用，本章重点为体会海报设计、广告设计、封面设计、台历设计中一些常用的技巧以及设计表现方法。

13.1　实例 1——海报设计

掌握使用 Photoshop CS3 进行海报设计的一些常用技法，掌握 Photoshop CS3 在海报设计中主要工具和命令的使用，领会海报设计的设计宗旨。

操作步骤：

（1）启动 Photoshop CS3，执行菜单栏中的"文件"|"新建"命令，打开"新建"对话框，参数如图 13-1 所示。

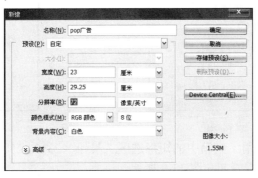

图 13-1　新建文件

（2）使用工具箱中的路径工具 ，在其属性栏中使用普通路径效果进行字体绘制，绘出想要表现的字体"本店隆重推出"，并形成单独独立的路径，为以后的修改提供方便，其效果如图 13-2 和图 13-3 所示。

图 13-2　绘制字体

图 13-3　路径面板上的效果

（3）通过路径转换成选区，颜色分别为绿（R95、G213、B 72）、黄（R237、G239、B61）、橙（R251、G169、B27）并进行描边蓝色（R85、G98、B230），描边大小为 4 像素，如图 13-4 至图 13-7 所示。

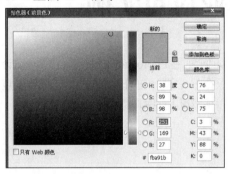

图 13-4　设置颜色

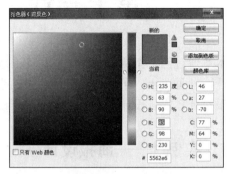

图 13-5　设置颜色

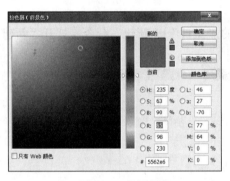

图 13-6　设置颜色

图 13-7　填充颜色

（4）铺设底色。使用工具箱中的矩形选区工具 （23x23.25）大小为选区，使用渐变填充工具进行填充，如图 13-8 和图 13-9 所示。

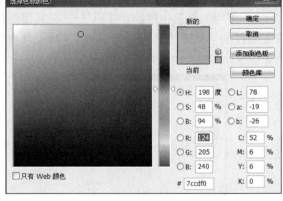

图 13-8　渐变填充　　　　　　　　　　　图 13-9　设置颜色

（5）通过新建新图层，背景制作一个虚幻的效果，打开光盘中的文件"底色背景图片"，将其放于底部，使用"滤镜"|"模糊"|"动感模糊"，具体参数为角度 90，距离 280，与字体接壤部分使用橡皮工具 ⌀ 擦掉（不透明度为 42%，笔触主直径 150px，硬度为 0%），如

图 13.10 所示。

（6）将处理好的背景放于"pop 文件"的图层中，位置为最后一层。对刚才设计的底色的渐变图层调整其不透明度（19%），位于其上。

（7）绘制装饰边缘效果。使用路径工具 ，将其设置为普通路径，绘制封闭的装饰线，并调整到合适的位置，如图 13-11 所示。

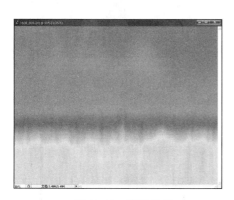

图 13-10 背景效果

图 13-11 绘制路径

（8）描边处理。对已经完成好的路径使用描边命令，"编辑"|"描边"，描边颜色为灰白色（R218、G217、B220），描边大小为 5 像素，如图 13-12 所示。

（9）复制装饰线。在图层面板中，使用图层复制命令，鼠标左键选中装饰线图层，拖拽至"新建图层"，即可复制相同的图层。然后使用"编辑"|"自由变换"命令对其实现等比例放大（同时按住 Shift 键），具体参数为如图 13-13 所示。

（10）修改装饰线。为了表现主题女鞋的

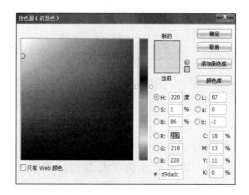

图 13-12 设置颜色

特点，装饰线的下部需要擦涂。使用橡皮工具 ，（参数笔触直径 150，不透明度 41%），在擦涂过程中有虚实渐变的效果及调整其笔触大小，具体操作是使用键盘的【[]、【】】按键进行调节，擦涂效果更加真实，如图 13-14 所示。

| N‡ - | X: 330.8 px | △ Y: 314.6 px | W: 125.8% | H: 137.9% | △ 0.0 度 | H: 0.0 度 | V: 0.0 度 |

图 13-13

（11）绘制其他装饰效果，同样使用钢笔路径工具，对主体效果加以陪衬。由于篇幅原因，不再具体说明，只简单展示其参数（填充色为 R85、G99、B230；边缘色 R95、G213、B72；边缘大小 4 个像素；白色装饰线，不透明度为 0），如图 13-15 所示。

（12）调整底部效果。新建一个由紫色（参数为 R110、G66、B150）至白色的渐变图层，使用"滤镜"|"模糊"|"动感模糊"效果及"滤镜"|"扭曲"|"海洋波纹"，形成效果如图 13-16 所示，其参数如图 13-17 所示。

图 13-14　擦涂效果

图 13-15　绘制效果

图 13-16　绘制效果

图 13-17　参数设置

（13）调入主题。打开光盘中的资料"产品图片资料 1、2、3、4、5"，使用魔术棒工具，将多余的颜色杂质剔除，并置入"pop 广告"，位于顶层中。具体的位置以弧形排列于主体字的下端，参照如图 13-18 所示。

（14）调整产品位置及装饰。使用描边命令对产品进行描边处理（参数为 2 个像素，R128、G221、B120），如图 13-19 所示。

图 13-18　置入图片

图 13-19　描边处理

（15）输入文字部分及简要图示。输入企业的地理位置，企业位置字体参数为黑体，24号，黑色。联系电话及图示字体参数为黑体，14 号，黑色。指示箭头及图示使用钢笔路径工具绘制。箭头具体参数为 R95、G213、B72，图示参数为灰色 R192、G192、B192，边缘颜色为 R92、G88、B88，效果如图 13-20 所示。

（16）增加装饰效果。产品和文字在视觉上有些单薄，为了凸出它们的重量感，使用画笔工具 ，调整其属性 画笔: 37 模式: 正常 不透明度: 50% 流量: 67% ，颜色参数（R128、G221、B120），具体效果，如图 13-21 所示。

图 13-20 输入文字　　　　　　　　　　图 13-21 使用画笔工具

（17）在画面的右侧，使用画笔工具 ，对其笔触属性进行调整 画笔: ★ ，大小为 74 像素，色彩为蓝色（R190、G192、B 205），调整不透明度为 28%，具体如图 13-22 所示。

（18）调整"本店隆重推出"立体效果（亮部用白色），如图多边形套索工具 ，按照字体的笔画顺序及特点，增加亮度，使其具有立体效果，如图 13-23、13-24 所示。

图 13-22 使用画笔工具　　　　　　　　图 13-23 字体立体效果

图 13-24 增加亮度

（19）使用"图层属性"对其进行效果提升。"本店"与"隆重"图层使用外发光效果，如图 13-25 所示，"推出"图层使用投影效果，如图 13-26 所示，处理后的效果如图 13-27 所示。

（20）最后调整，根据透视原理近大远小及视觉舒适度的调整，从整体上调整其不透明度及大小等，具体不再陈述，最后的效果如图 13-28 所示。

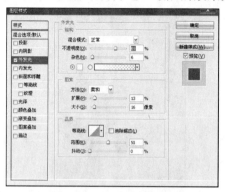

图 13-25　图层属性调整

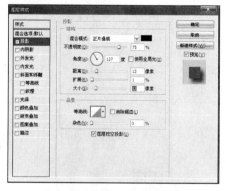

图 13-26　图层使用投影效果

图 13-27　处理后的效果

图 13-28　最后效果

13.2　实例2——化妆品广告设计

掌握使用 Photoshop CS3 进行广告设计的一些常用技法，掌握 Photoshop CS3 在广告设计中主要工具和命令的使用，体会广告设计的构图方式。

操作步骤：

（1）启动 Photoshop CS3，执行菜单栏中的"文件"|"新建"命令，打开"新建"对话框，参数如图 13-29 所示。

（2）用矩形选区工具 将画面背景选择，

图 13-29　新建文件

并使用工具箱中的■设置填充方式为渐变填充，其渐变填充效果如图 13-30 所示，具体参数
（R110 G55 B109）设置如图 13-31 所示。

图 13-30　渐变填充

图 13-31　颜色设置

（3）绘制背景装饰效果，用工具箱中的钢笔路径工具 🖊 绘制，如图 13-32 所示，用
Ctrl 键同时用鼠标点击所在的路径，转化为选区，在图层中新建新图层 🖿，同样以渐变填充，
具体效果及参数（R110，G55，B109 和白色），如图 13-33 所示。

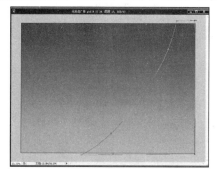

图 13-32　绘制钢笔路径

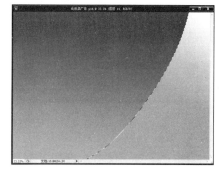

图 13-33　渐变填充

（4）按照同样的方法，依次绘出第二个路径，如图 13-34 所示，并填充渐变效果，为
了表现出背景的层次效果，设置不透明度为 67%，其结果如图 13-35 所示。

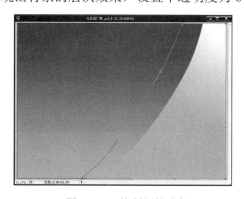

图 13-34　绘制钢笔路径

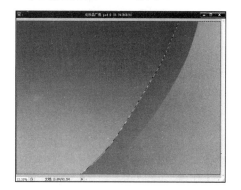

图 13-35　渐变填充

（5）将效果进行调整，绘出第三个路径并填充渐变效果，如图 13-36 所示，修改其不
透明度 60%，效果为如图 13-37 所示。

（6）设置背景层的路径面板和图层面板，如图 13-38 和图 13-39 所示，可以为以后的
修改调整作准备。

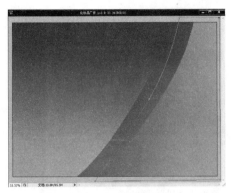

图 13-36　绘制钢笔路径

图 13-37　渐变填充

图 13-38　设置背景层的路径面板

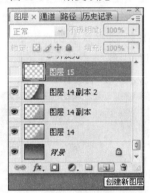

图 13-39　设置图层面板

　　（7）完成底色背景效果后，使用描边工具，如图 13-40 所示，设置描边的宽度为 4 像素，颜色为白色。为了使背景更加协调，弧面边缘关系要进行虚化处理。使用工具箱中的橡皮工具，如图 13-41 所示，其参数如图 13-42 所示，并设置图层的不透明度参数为 20%。

图 13-40　使用描边工具

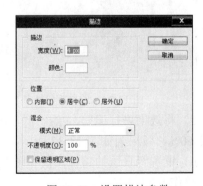

图 13-41　设置描边参数

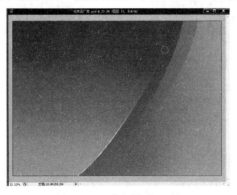

图 13-42

（8）按照背景的虚实表现效果，使用橡皮工具擦涂后的效果如图 13-43 所示。

图 13-43　使用橡皮工具

（9）依照上述的方法使用路径在视图背景中再绘出同样的效果，其操作方法顺序如图 13-44 至图 13-49 所示。

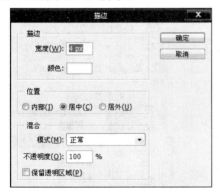

图 13-44　设置描边参数

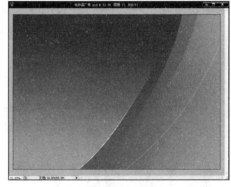

图 13-45　效果图

图 13-46　设置图层样式

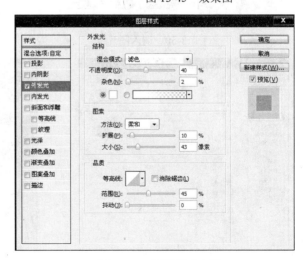

图 13-47　图层样式参数

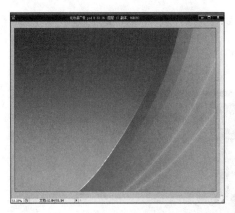
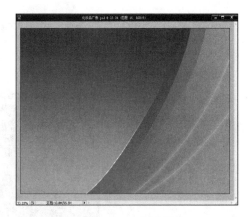

图 13-48　效果图　　　　　　　　　　　　图 13-49　效果图

　　（10）打开光盘下的目录图片"化妆品图片 1-5"，调入此设计图层中，放置画面右下角位置，之后对所在图层进行混合选项，设置外发光效果，具体参数为不透明度 75%，外发光颜色白色，扩展 23%，大小 32 像素，如图 13-50 至图 13-53 所示。

　　（11）打开光盘下的目录图片"模特"，调入所在图层，调整位置，放于画面左上角空白位置，如图 13-54 所示。

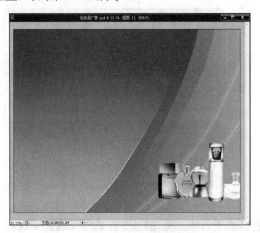

图 13-50　调入图片　　　　　　　　　　　图 13-51　混合选项

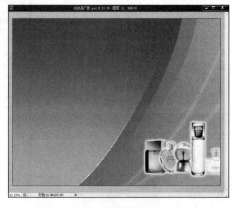

图 13-52　设置外发光效果　　　　　　　　图 13-53　效果图

图 13-54　调入图片

图 13-55　调整图层位置

（12）为了强调对比化妆品的使用效果，再复制模特所在图层，并调整其不透明度 35%，位于模特所在图层下面，如图 13-55 和图 13-56 所示。

图 13-56　复制模特所在图层

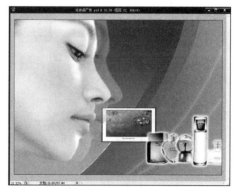

图 13-57　调入图片

（13）打开光盘目录下的"蓝绿色图片"文件，调入所在图层。其作用是为底色背景衬托化妆品，为此要进行变形虚化处理。其步骤顺序是进行自由变换，删除不必要的色块，执行滤镜菜单中的高斯模糊，具体参数半径为 41，其效果如图 13-57 至图 13-63 所示。

图 13-58　自由变换

图 13-59　自由变换

图 13-60　删除不必要的色块

图 13-61　高斯模糊

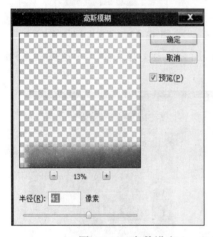

图 13-62　参数设定

图 13-63　效果图

（14）对多余的背景效果进行精细化处理，为了表现精确，回到原所在的弧面背景填充图层，使用 Ctrl+左击的方法转化为选区，回到蓝绿色图片所在图层后进行选区反选后删除多余的部分，之后在选择菜单下的"修改"|"羽化"命令，羽化半径设置为 50 像素，再执行删除命令，其操作顺序如图 13-64 至图 13-71 所示。

图 13-64　转化为选区

图 13-65　转化为选区

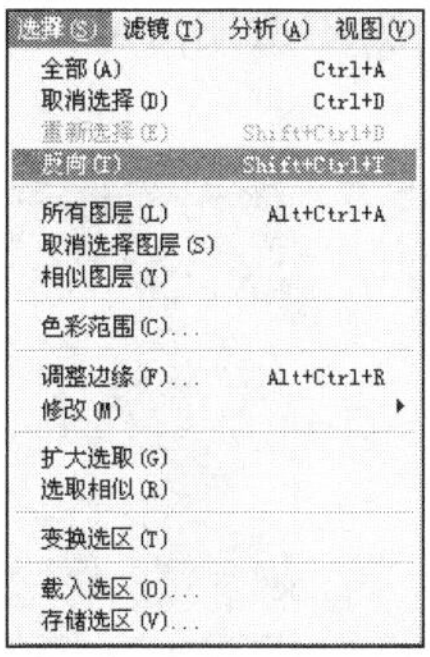

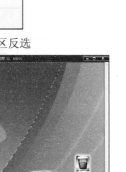

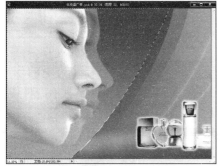

图 13-66　进行选区反选

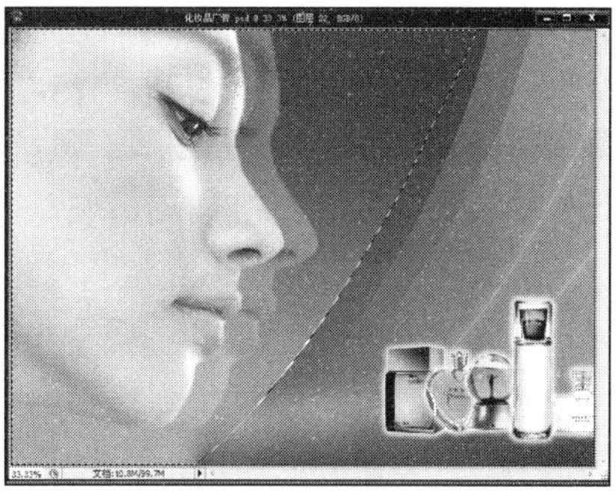

图 13-67　效果图

图 13-68　删除多余的部分

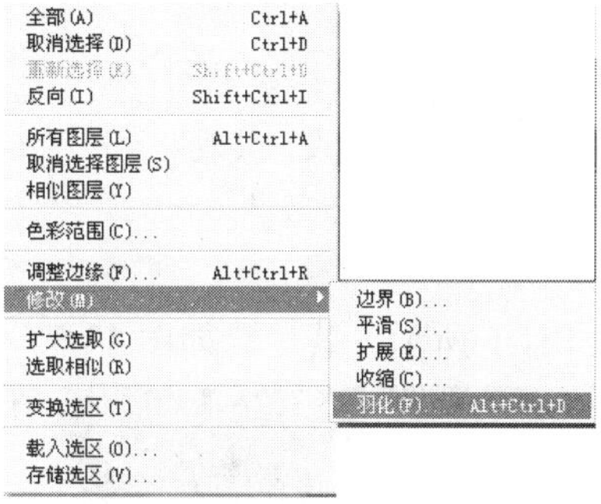

图 13-69　羽化选区

图 13-70　羽化参数设定

图 13-71　效果图

（15）使用文本工具 T 输入广告词（参数为 14 号，黑体，字白色）及产品名称（参数为 18 号，黑体，白色），调整产品名称的第一个字母大小为 24 号，如图 13-72 所示。

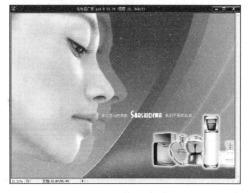

图 13-72　输入广告词

（16）对广告词和产品名称字体设置其效果为外发光，参数为不透明度 90%，颜色白，大小 40 像素，其效果如图 13-73 和图 13-74 所示。

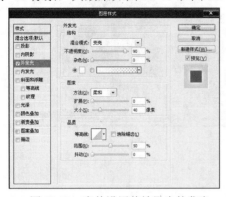

图 13-73　字体设置其效果为外发光

图 13-74　外发光效果

（17）增添装饰效果，体现化妆品与女人使用的关系。使用工具箱中的形状工具，调出花瓣图形，如图 13-75 所示，对其自由变换如图 13-76 所示，其参数如图 13-77 所示，效果如图 13-78 所示。

图 13-75　调出花瓣图形

图 13-76　自由变换

图 13-77　参数设定

图 13-78　效果图

（18）将花瓣图形路径转换为选区，然后在图层上新建新图层，进行颜色填充（R110，G55，B109），之后对所选花瓣进行复制变形，其效果如图 13-79 至 13-81 所示。

图 13-79　转换为选区　　　　　　　　　　　图 13-80　颜色填充

（19）填写经销商基本信息，参数为黑体，18 号，白色字体，放置于画面下侧，如图 13-82 所示。

图 13-81　复制变形　　　　　　　　　　　图 13-82　填写经销商基本信息

（20）最后整理过程，使用参考线将所绘效果进行精度调整，存储过程，先合并图层，存储为 JPEG 格式。

13.3　实例 3——封面设计

掌握使用 Photoshop CS3 进行封面设计的一些常用技法，掌握 Photoshop CS3 在封面设计中主要工具和命令的使用，了解封面设计的构图方式和组成元素。

操作步骤：

（1）打开 PS，新建一个空白文档，取名"封面.psd"宽度和高度分别是 42 厘米、29.7 厘米，分辨率 300 像素／英寸，模式选用 CMYK 模式，如图 13-83 所示。

（2）点击菜单"视图"｜"标尺"，调出刻度尺。点击菜单"视图"｜"新参考线"，弹出"新建参考线"对话框，"取向"选择"垂直"，在"位置"后输入"21"，如图 13-84 所示，确定后将在图片中央出现一条垂直的蓝色参考线，这样我们可以区分出封面和封底。

（3）新建一个图层，选择矩形工具 ，在参考线右侧绘制宽 1 厘米的矩形，颜色为灰绿色（RGB：194，202，193），模式为"变暗"，透明度为"90"，如图 13-85 和图 13-86 所示。

图 13-83　新建空白文档

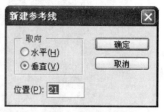

图 13-84　设置参考线

图 13-85　绘制填充矩形

图 13-86　新建图层

（4）打开花素材，将其拖入"封面.psd"中，点击菜单"编辑"｜"自由变换"，改变花图片的大小和位置。"自由变换"是 PS 中常用的工具，使用 Ctrl+T 快捷键调出更方便。设置图片的层次在"花"之上。使用"文字工具"打出标题和一些文本信息。在文字"自我简介"下使用矩形工具 绘制矩形衬底。最后建立一个新图层，使用椭圆选框工具 划定圆形选区，点击菜单"编辑"｜"描边"命令，设置宽度为"2 像素"，颜色为淡绿色，封面完成如图 13-87 所示。

（5）新建一文件，宽度和高度分别是 1 像素、5 像素，"内容"为透明，单击"确定"按钮。按 Ctrl++键，将图片视图放大，在三分之一处绘制白色矩形，如图 13-88 所示。

图 13-87　绘制效果

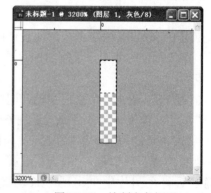

图 13-88　绘制白色矩形

（6）按下 Ctrl+A 组合键全选该图片，点击菜单"编辑"｜"定义图案"，PS 将把该图片作为填充样本存入库。关闭该图，不需保存。

（7）把封底加入紫色到白色的渐变背景，回到"封面.psd"中，新建一层，取名"白

色图块"。在参考线左侧用矩形选框工具 划定矩形选区，点击菜单"编辑"|"填充"，选择刚才定义的图片作为填充样本，按"确定"，如图 13-89 所示。

（8）在"花"图层用魔棒工具 点取空白处，再单击菜单"选择"|"反选"，获得花状选区。回到"白色条纹"图层，点击菜单"选择"|"变换选区"，调整好选区的位置和大小，按删除键，白色条纹的矩形就变成了花型镂空了。最后将该图层执行菜单"编辑"|"变换"|"水平翻转"，将其翻个身，最后效果如图 13-90 所示。

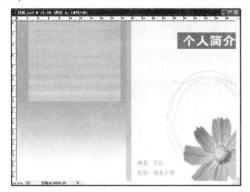
图 13-89 填充图案

图 13-90 绘制花型镂空

13.4 实例 4——台历

掌握使用 Photoshop CS3 进行台历设计的一些常用技法，掌握形状工具、图层面板和菜单命令的使用，掌握进行台历设计的技巧。

操作步骤：

（1）新建一个文件，选择工具箱中的圆角矩形工具 ，在选项栏中设置半径为 15 像素，在画布中绘制路径，效果如图 13-91 所示。

（2）在路径上单击鼠标右键，在弹出的快捷菜单中选择"转换为选区"命令，新建图层 1。选择工具箱中的渐变工具 ，设置前景色和背景色从右上角至左下角绘制红色（R255，G0，B0）到白色渐变，效果如图 13-92 所示。

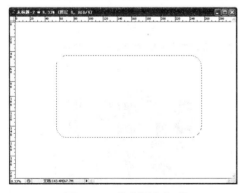
图 13-91 绘制圆角矩形

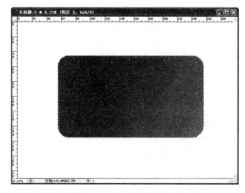
图 13-92 填充渐变色

（3）在图层面板中，复制图层 1 为图层 1 副本，并将图层 1 副本拖至图层 1 的下方，选择工具箱中的移动工具，将复制的图层 1 副本向右上角适当移动，效果如图 13-93 和图

13-94 所示。

图 13-93　复制图层

图 13-94　复制图层效果

（4）执行菜单栏中的"图像"|"调整"|"亮度"|"对比度"命令，在弹出的对话框中设置参数如图 13-95 所示。

图 13-95　亮度对比度参数设置

（5）选择工具箱中的多边形套索工具 ，按图绘制选区，然后按 Delete 键删除选区内的图形，图像效果如图 13-96 和图 13-97 所示。

（6）再复制图层 1 生成图层 1 副本 2，将图层 1 副本 2 拖至背景层的上方，选择工具箱中的移动工具 ，将复制的图形向右上方移动，效果如图 13-98 和图 13-99 所示。

图 13-96　绘制选区

图 13-97　图像效果

图 13-98　复制图层

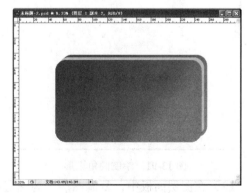

图 13-99　复制图层效果

（7）在图层面板中，再复制图层 1 生成图层 1 副本 3，放到图层 1 的下面。执行菜单栏中的"滤镜"|"模糊"|"高斯模糊"命令，在弹出的对话框中设置参数如图 13-100、13-101 所示。

（8）新建图层 2，选择工具箱中的矩形选框工具 ，在画面中建立一个长方形选区并填充黑色，效果如图 13-102 所示。

图 13-100 复制图层

图 13-101 高斯模糊参数设置

（9）按住 Alt 键移动复制黑色矩形，按上述方法复制更多的矩形，效果如图 13-103 所示。

图 13-102 绘制填充矩形

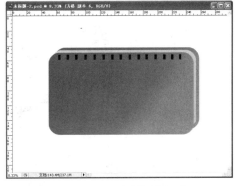

图 13-103 复制黑色矩形

（10）新建图层，选择工具箱中的钢笔工具 绘制路径，选择工具箱中的画笔工具 ，设置直径为 2，在路径面板中单击用画笔描边路经 按钮，图像效果如图 13-104 和图 13-105 所示。

图 13-104 绘制路径

图 13-105 描边路经

（11）复制图层 3 为图层 3 副本，选择移动工具，移动复制的图形，效果如图 13-106 所示。

（12）将铁丝扣所在的图层链接合并为图层 3，复制图层 3，选择移动工具，进行移动复制，效果如图 13-106 和图 13-107 所示，将所有铁丝扣层链接合并为图层 3。

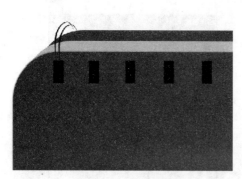

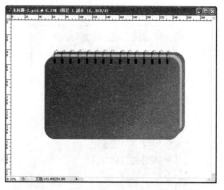

图 13-106　复制图形　　　　　　　　　　　　　　　　图 13-107　移动复制

（13）双击图层 2，打开图层样式对话框，选择斜面和浮雕样式，设置参数如图 13-108 所示。

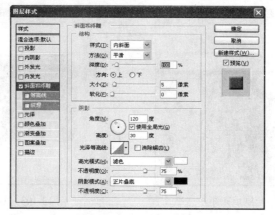

图 13-108　设置斜面和浮雕样式参数

（14）将图案拖入画面中，并添加斜面和浮雕图层样式，设置如图 13-109 和图 13-110 所示。

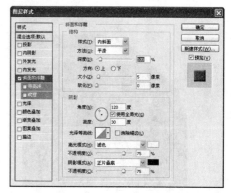

图 13-109　画面效果　　　　　　　　　　　图 13-110　设置斜面和浮雕样式参数

（15）新建图层，命名为"背景"，选择工具箱中的渐变工具 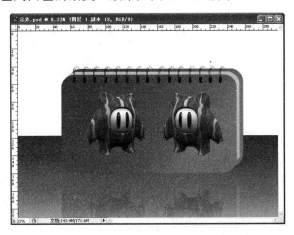，在画面中建立一个长方形选区并填充黑色到白色的渐变，效果如图13-111所示。

图 13-111　填充黑色到白色的渐变

附录　部分习题答案

第一章习题答案

1．填空题

（1）PSD

（2）Tab　　　　Shift+Tab

（3）位图：也称为点阵图。位图图像和分辨率有关。位图图像的大小和质量取决于图像中的像素的多少，图像中所含像素越多，图像越清晰。但不能任意放大显示或印刷，否则会出现锯齿边缘和似马赛克的效果。

矢量图也称为向量图。是使用直线和曲线（即所谓的"矢量"）来描述图像。用户可以移动图形、改变图形的大小和形状、颜色等，而不会降低图形的外观质量。矢量图与分辨率无关。

（4）标题栏、菜单栏、工具属性栏、工具箱、状态栏、图像编辑窗口、控制调板

（5）矢量图像和位图图像

2．选择题

（1）C、D　　　　（2）A　　　　（3）B　　　　（4）D　　　　（5）C

第二章习题答案

1．填空题

（1）放大镜　　　　视图／打印尺寸

（2）Ctrl+N　　　　Ctrl+S

（3）图像的宽度、高度、分辨率、颜色模式、背景内容

（4）Shift　　　　Ctrl

（5）Ctrl+R　　　　Ctrl+'

2．选择题

（1）C D B A　　　（2）B D　　　　（3）D　　　　（4）B C　　　　（5）A

第三章习题答案

1．填空题

（1）Shift、Alt　　（2）Delete　　（3）Ctrl+Shift+I　（4）Shift +Alt　　（5）Shift

2．选择题

（1）D　　　　（2）A　　　　（3）A　　　　（4）C　　　　（5）B

第四章习题答案

1. 填空题

（1）RGB 模式、CMYK 模式、Lab 模式、HSB 模式、灰度模式等

（2）RGB、CMYK （3）Lab （4）灰度 （5）灰度、多通道

2. 选择题

（1）B D A （2）C （3）B （4）A （5）B

第五章习题答案

1. 填空题

（1）比较硬 （2）ALT 印象派效果 （3）背景橡皮擦工具 魔术橡皮擦工具

（4）产生艺术效果 （5）按住 Shift 键

2. 选择题

（1）ABC （2）ACD （3）A （4）C （5）C

第六章习题答案

1. 填空题

（1）Ctrl+C Ctrl+X Ctrl+V （2）删除 （3）自由变换

（4）填充 描边 （5）Ctrl+Alt+Z

2. 选择题

（1）D （2）C （3）C （4）C （5）C

第七章习题答案

1. 填空题

（1）变化 （2）去色 （3）阈值 （4）色相饱和度 （5）色相、饱和度、亮度

2. 选择题

（1）D （2）A （3）C （4）A （5）C

第八章习题答案

1. 填空题

（1）"窗口 / 图层" F7 （2）眼睛

（3）纯色、渐变、图案 （4）Ctrl+J

（5）"图层" | "向下合并" Ctrl+E

2. 选择题
（1）ABCD　　　（2）A　　　（3）D　　　（4）BC　　　（5）ABCD

第九章习题答案

1. 选择题
（1）BCD　　（2）BCD　　（3）ACD　　（4）ABCD　　（5）AC
2. 填空题
（1）路径　　（2）开放路径　　（3）自由钢笔工具　　（4）平滑　　（5）角

第十章习题答案

1. 填空题
（1）Alt
（2）5　青色、洋红、黄色、黑色四个颜色通道和一个彩色复合通道
（3）尺寸、分辨率　　　（4）Alpha 通道　　　（5）分离通道
2. 选择题
（1）ABCD　　　（2）BCAD　　　（3）DCBA　　　（4）Shift　　　（5）灰度

第十一章习题答案

1. 选择题
（1）D　　　（2）AC　　　（3）AC　　　（4）C　　　（5）B
2. 填空题
（1）基线偏移　　（2）点文字　　（3）段落　　（4）变形　　（5）T

第十二章习题答案

1. 填空题
（1）最大值　　（2）动感模糊　　（3）素描、速写手工和艺术效果　　（4）Ctrl+F
（5）Alt
2. 选择题
（1）B　　（2）C　　（3）A　　（4）ABD　　（5）D